科技创新教育系列丛书

人工智能
视频识别与深度学习
创新实践

主编 杨 静

参编（按姓氏笔画排序）

王 婧　王凤云　朱向彤

刘苗苗　李赓曦　佟婧楠

崔 悦　蔡雨林　樊俊芝

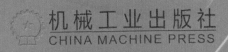

机械工业出版社

CHINA MACHINE PRESS

本书是北京市昌平区第二中学"科技创新教育系列丛书"之一，共四个主题10章内容。主题一介绍人工智能及程序设计的基础知识，为学习本书后续内容打下基础；主题二探秘计算机视觉，让读者了解计算机是如何"看"世界的；主题三为读者介绍计算机是如何学习的，体验如何通过数据训练，让计算机具备识别是否佩戴口罩的能力，并且借助口罩门禁系统的案例学习，让读者了解视频识别模块如何与开源硬件相结合，设计出创新实用的智能产品；主题四将带领读者体验从"创意"到"产品"的全过程，掌握智能产品设计制作的相关技能。本书完整覆盖了新课程标准中对"人工智能初步"课程的教学要求，已经在北京市昌平区第二中学多个班级开展教学。书中配套硬件均为开源硬件，编程语言以Python为主，非人工智能专业背景的教师也可讲授。

本书配有工具包、教师资料和教学PPT，提供全方位的教学服务，可方便学校一步到位开课。

图书在版编目（CIP）数据

人工智能视频识别与深度学习创新实践/杨静主编. —北京：机械工业出版社，2023.4
（科技创新教育系列丛书）
ISBN 978 – 7 – 111 – 72839 – 9

Ⅰ. ①人… Ⅱ. ①杨… Ⅲ. ①人工智能 – 初中 – 教材 Ⅳ. ①G634.671

中国国家版本馆 CIP 数据核字（2023）第 047632 号

机械工业出版社（北京市百万庄大街22号　邮政编码100037）
策划编辑：熊　铭　　　　　　责任编辑：熊　铭　王　荣
责任校对：龚思文　周伟伟　　责任印制：常天培
固安县铭成印刷有限公司印刷
2023 年 6 月第 1 版第 1 次印刷
210mm×285mm · 11 印张 ·292 千字
标准书号：ISBN 978 – 7 – 111 – 72839 – 9
定价：60.00 元

电话服务　　　　　　　　　网络服务
客服电话：010 – 88361066　机 工 官 网：www.cmpbook.com
　　　　　010 – 88379833　机 工 官 博：weibo.com/cmp1952
　　　　　010 – 68326294　金 书 网：www.golden-book.com
封底无防伪标均为盗版　机工教育服务网：www.cmpedu.com

编　委　会

顾　　　问　王继飞　刘健鹏　王志强　金秀荣　谭　兴

主　　　编　杨　静

参　　　编（按姓氏笔画排序）

王　婧　王凤云　朱向彤

刘苗苗　李赓曦　佟婧楠

崔　悦　蔡雨林　樊俊芝

2019 年 5 月，国家主席习近平在向"国际人工智能与教育大会"所致的贺信中指出，把握全球人工智能发展态势，找准突破口和主攻方向，培养大批具有创新能力和合作精神的人工智能高端人才，是教育的重要使命。2020 年，教育部组织对普通高中课程方案和语文等学科课程标准（2017 年版）进行修订，提出落实立德树人的根本任务，突出核心素养导向。为培养创新精神和实践能力，信息技术、通用技术、数学等课标中要求学生学习了解物联网、人工智能、大数据处理等内容，培养精益求精的工匠精神和创意设计能力。

紧跟国家相关指导方向，北京市昌平区第二中学（以下简称昌平二中）一直坚持培养爱生活、善思辨、明事理、重情义的现代中国人的教育理念。爱生活——珍爱自然生命，积极面对人生，热情追求理想，优化生命过程，有声有色地学习、生活，心胸开阔，性格阳光，至少有一项艺、体方面的爱好。善思辨——崇尚科学，知行统一，学思结合，勇于实践探索，培育批判思维，初高中至少参加一项自主创新的研究活动。明事理——稳守道德底线，行为举止文明礼貌，待人接物尊重平等，善交朋友且诚信豁达，品位高雅又融入团队。重情义——热爱祖国，热爱人民，先天下之忧而忧，后天下之乐而乐，公平正义、淡泊名利，重感情、讲仁义，重团队、轻私利，先人后己、品性高尚。科技创新教育是培养学生善思辨的重要教学内容，也是提升学生综合素养的重要基础。

作为北京市教委认定的北京市学生金鹏科技团机器人分团学校，昌平二中自 2004 年开始实践学生机器人教学活动，形成了以课堂教学、社团活动、竞赛活动为主的多形式科技教育体系。自 2016 年开始学校再次探索以智能控制为主线，初高中技术课贯通式培养的科技教育模式，形成了科创基础课程、初级智能技术课程、高级智能技术课程，及 STEM/人工智能创新项目四个系列的科创课程体系。在北京市昌平区的中学里，首次实现了全体学生均参与智能编程课程的教学生态。建立了以"分项目学生组长负责制"为主，指导教师、班主任为辅的创新型学生机器人社团管理模式，同时利用展示交流竞赛等活动为优秀学生搭建了科技创新平台，全方位地提升了学生的科学素养，为清华、北大等高校输送了一大批愿意进一步学习智能控制的优秀毕业生。

"人工智能视频识别与深度学习创新实践"课程作为昌平二中 STEM/人工智能创新项目中的一门核心课程，经过近三年的打磨和教学实践，已经初步成型。本书作为课程的配套参考用书，包含初识人工智能、计算机如何看世界、计算机如何学习、人工智能创新实践四个主题。其中前三个主题通过对人工智能基础知识、Python 编程、视频识别、深度学习等领域的知识学习和案例实践，使同学们掌握人工智能语音前沿领域基本技能。在主题四中加入了智能产品设计的创新思维模式，使同学们学以致用，设计创意智能作品解决学习生活中的实际问题，辅助学生作品物化、参加相关科技比赛及知识产权申请。同学们在学习知识的同时，能够体验到从"发现问题""分析问题""解决问题"到"产品物化"的全过程，全面培养和提升学生的核心素养。

为了配合教学，本书还配套了 Arduino 开源硬件及 PowerSensor 视频识别模块，方便同学们更好地进行案例实践，掌握视频识别及深度学习领域的相关知识和编程技能。

本书作为一本试验性校本教材，不当之处在所难免，欢迎老师和同学们提出批评和改进建议。同时，我们也希望有更多的科技爱好者与我们一起探索以人工智能为代表的中小学科创教育的教学实践，助力青少年更好地面对智能社会，为祖国培养出更多、更优秀的科创人才。

编　者

亲爱的同学，你好！

欢迎一起来探索"人工智能视频识别与深度学习"这个前沿科技领域。

人工智能被认为是引领未来科技发展的战略性技术。"天猫精灵""小度""小爱同学"等智能音箱产品，已经进入了很多家庭；智能手机中的 Siri 助手、美颜修图、人脸支付、智能导航等应用中都大量使用了人工智能技术；在餐厅用餐时，会见到机器人大厨、机器人服务员；行走在路边，还常常能碰到一些无人超市以及正在测试的无人驾驶汽车等，人工智能已经来到了人们身边。同学们有没有畅想下，在人工智能浪潮的驱动下，十年后我们的生活会变成什么样子呢？

2017 年阿尔法狗 3:0 战胜了世界围棋冠军柯洁；同年索菲亚成为第一个获得人类公民身份的机器人；2021 年首位人工智能虚拟学生华智冰正式入学清华大学计算机系。那么，机器人可以像人类一样进行学习吗？机器人的智力水平可以超越人类吗？如果可以，机器人是如何学习的？我们又该怎样应对超高智力的机器人？

如果你也对上述问题感兴趣，那就一起开始本书的学习吧！

人工智能是一门实践性较强的课程，在本书中同学们不仅能学习到当前人工智能两大热门研究领域（视频识别和深度学习）的相关知识及基本原理，深入了解计算机是如何看世界，又是如何学习的，还能借助配套的开源软硬件进行编程实践，设计创新实用的智能产品来解决学习生活中遇到的问题，同时还能掌握一些核心本领，比如独立思考、发现问题、解决问题、设计制作、团队协作、演讲表达等，更重要的是能在快乐中学习、探索和成长。

| 目　　录 |

主题四　人工智能创新实践

主题一
初识人工智能

　　人工智能这项前沿科技已经渐渐地融入了我们的生活，同学们有没有注意到？

　　家里的"天猫精灵""小度""小爱同学"等智能音箱，智能手机里的 Siri 助手、美颜修图、人脸支付、智能导航等应用程序，餐厅里的机器人大厨、机器人服务员、路边的无人超市以及正在测试的无人驾驶汽车等，这些新涌现的智能产品和服务中都应用了大量的人工智能技术。

　　那么，到底什么是人工智能？

　　人工智能已经应用到了哪些领域？

　　人工智能会给未来生活带来哪些改变？

　　要学习视频识别和深度学习领域相关知识，需要具备哪些编程基础？

　　在本主题的学习中，我们将为同学们介绍人工智能及程序设计的基础知识，为学习本书后续内容打下基础。

第1章

人工智能基础

学习目标

☑ 1. 理解人工智能的特点，能够举例说明人工智能设备与传统机器设备的区别。

☑ 2. 能够描述"图灵测试"的主要内容。

☑ 3. 能够列举三个以上人工智能行业的应用案例。

☑ 4. 能够客观认识人工智能技术对社会的影响，树立正确的科学技术应用观。

1.1 什么是人工智能

1.1.1 人工智能的概念

人工智能的英文全称是 Artificial Intelligence，英文缩写为 AI。当前人工智能还没有精确的定义。维基百科的人工智能词条采用的是美国加州伯克利大学人工智能领域的先驱**斯图亚特·罗素**（Stuart Russell）和美国人工智能协会的创始会员之一**彼得·诺维格**（Peter Norvig）合著的《人工智能：一种现代的方法》书中的定义：人工智能是有关"智能主体的研究与设计的学问"，而"智能主体是指一个可以观察周遭环境并做出行动以达致目标的系统"。本书采用教育部《义务教育信息科技课程标准（2022 年版）》中的定义：

> **人工智能**是研究和开发用于**模拟、延伸**和**扩展人的智能**的理论、方法、技术及应用系统的一门新的技术科学（见图 1-1）。

什么是人工智能？

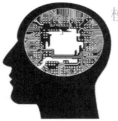

模拟、延伸和扩展人的智能

● 让机器像人一样听说？

● 让机器像人一样看识？

● 让机器像人一样学习？

● 让机器像人一样预测？

……

图 1-1 人工智能的概念

1.1.2 人的智能

人类的认知能力是指人脑加工、储存和提取信息的能力。当前人工智能主要通过模拟人类的听、说、看、学习、预测等方式来模拟人类智能。

传统的机器设备可以通过声音传感器、光敏传感器等传感器感知外界信息，通过各类主控板加工信息，然后控制灯、舵机、电动机、嗡鸣器等执行装置做出反馈。而人工智能设备也类似，通过音频采集器、视频采集器等设备感知外界信息，通过大数据分析等方法处理信息，然后通过合成声音、显示器、模拟表情、动作等做出反馈。

那么，人工智能与传统的机器设备具体有什么不同呢？下面我们通过听说、看、学习三个方面做一比较。

（1）模拟听说

如图 1-2 所示，传统的机器设备一般使用声音传感器感知环境声音，并用具体的数字标识声音的大小，但是无法分辨声音的具体内容。比如楼道里的声控灯，只要声音超过一定值，灯就会亮，但是这个声音是通过拍手还是叫喊发出的，它无法区分，更不能识别声音的内容。

而人工智能设备，比如本书视频素材中展示的问问音箱，不仅能检测到环境声音，还能区分具体声音的内容，比如是不是在唤醒它，是在问天气多少度还是要它打开空调，而且还可以做出针对性的回答。这类人工智能设备很好地模拟了人类的听说能力。

图 1-2　模拟听说

（2）模拟看

如图 1-3 所示，传统机器设备中一般使用超声波测距传感器检测障碍物的距离。它通过发送器向一个方向发射超声波，在发射的时刻开始计时，信号遇到障碍物后反射，接收器接收到反射波后立即停止计时，然后通过声波的传播速度以及传播的时间来计算障碍物的距离。但是，它无法分清楚面前的障碍物具体是什么。

而人工智能设备，比如人脸识别，不仅能检测出人脸，还能分清楚具体是谁。比如图像分辨，要能分清楚哪张图片是猫，哪张图片是狗。人工智能设备也能具备推理能力，通过一部分的物体特征，推断出这个物体具体是什么，比如最后的这张老虎图片。这类人工智能设备很好地模拟了人类看的能力。

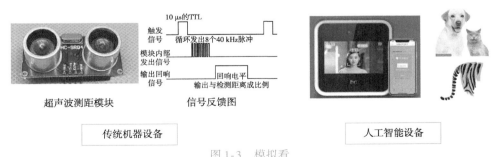

图 1-3　模拟看

（3）模拟学习

如图 1-4 所示，2017 年 5 月，升级后的"大师"版阿尔法狗（AlphaGo Master）以 3∶0 的比分完胜围棋世界冠军柯洁，轰动全球，激发了全社会对人工智能的关注。为什么人工智能机器在围棋方面战胜人类，会引起这么大的轰动？

围棋被认为是世界上最复杂的棋盘游戏。棋盘上有纵横各 19 条线段将棋盘分成 361 个交叉点，围棋棋盘上棋子可能的组合方式的数量就有 10^{170} 之多，超过宇宙原子总数。计算机采用传统的穷举法是无法找到最优下法的。因此，围棋被誉为人类最后的智慧高地，一直是检验人工智能发展水平的重要标志之一。而阿尔法狗（AlphaGo）在围棋领域战胜人类，预示着人工智能已经具备了在智慧方面超越人类的潜能。阿尔法狗也像人类一样具备自主学习能力，主要通过监督学习和强化学习来精进棋艺。

| 围棋棋盘上棋子可能的组合方式有 10^{170} 之多，超过宇宙原子总数 | 2016年3月AlphaGo 战胜李世石 | 2017年5月AlphaGo Master战胜柯洁 | 2017年10月 AlphaGo Zero问世 |

图 1-4　模拟学习

1.1.3　图灵测试

如何判断一台机器是否具备人类智能呢？

1950 年，艾伦·图灵（Alan Turing）提出了一种测试机器是不是具备人类智能的方法——图灵测试，至今仍被当作测试人工智能水平的重要标准之一。

如图 1-5 所示，图灵测试指测试者（多人，图上仅画出一人）在与被测试者（一个人与一台机器）隔开的情况下，测试者通过一些装置（如键盘）向被测试者随意提问。在 5 分钟内进行多次测试后，如果有超过 30 % 的测试者不能确定出被测试者是人还是机器，那么，就说这台机器通过了图灵测试，并被认为具有人类智能。

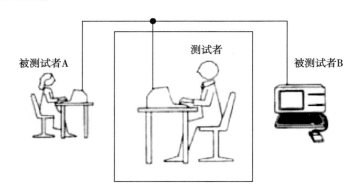

图 1-5　图灵测试

艾伦·图灵预言，在 20 世纪末，一定会有机器通过"图灵测试"。但是直到 2014 年 6 月 7 日，在英国皇家学会举行的"2014 图灵测试"大会上，英国雷丁大学宣称俄罗斯人弗拉基米尔·维西罗夫（Vladimir Veselov）创立的人工智能软件——尤金·古斯特曼（Eugene Goostman）通过了图灵测试。虽然"尤金"软件还远不能"思考"，但也是人工智能乃至计算机史上的一个标志性事件。

为什么这么久才有机器通过图灵测试？因为跟大多数技术领域一样，人工智能技术的发展并不是一帆风顺的。

1.2 人工智能的发展历程

1.2.1 人工智能的诞生

一直以来，制造出具备人类智慧的机器是人们最伟大的梦想之一。20 世纪四五十年代，数学、逻辑学及计算机科学的迅速发展为人工智能的诞生奠定了坚实的基础。

1956 年夏季，以约翰·麦卡锡（John McCarthy）、马文·明斯基（Marvin Minsky）、克劳德·香农（Claude Shannon）和艾伦·纽厄尔（Allen Newell）等为首的一批有远见卓识的科学家在美国达特茅斯学院组织了一次研讨会，共同研究和探讨用机器模拟智能的一系列有关问题，并首次提出了"人工智能"这一术语，它标志着"人工智能"这门新兴学科的正式诞生。因此，1956 年也就成了人工智能元年。

1.2.2 人工智能的三次浪潮

人工智能在 60 多年的发展历程中，并非一帆风顺，也经历了起起伏伏，直至 2006 年深度学习的突破，才再次引爆了人工智能的第三次高潮，如图 1-6 所示。

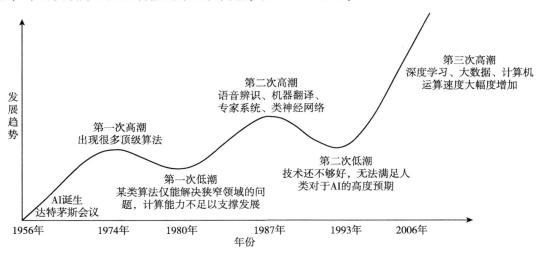

图 1-6 人工智能（AI）的三次浪潮

（1）第一次浪潮

达特茅斯会议之后，人工智能研究进入了近 20 年的黄金时代。

1959 年，计算机游戏先驱亚瑟·塞缪尔（Arthur Samuel）编写了西洋跳棋程序，顺利地战胜了当时的西洋棋大师罗伯特·尼赖（Robert Nealey）。塞缪尔的跳棋程序每次都会对所有可能的跳法进行搜索，并找到最佳方法。**"推理就是搜索"**，是这个时期最主要的研究方向。

1966 年，美国麻省理工学院发明了世界上第一个聊天程序 ELIZA，如图 1-7 所示。ELIZA 中预设了对话规则，根据用户的提问进行模式匹配，然后从预先编写好的答案库中选择合适的回答。通过 **"对话就是模式匹配"** 的方式，开启了计算机自然语言对话技术，但实际上 ELIZA 根本不知道自己在说什么，它只是按固定的套路作答，或者用符合语法的方式将问题复述一遍。

图 1-7 聊天程序 ELIZA

虽然这个时期创造了各种软件程序或硬件机器人，但它们看起来都只是"玩具"，离实际应用还有很大的差距。当时计算能力的不足以及缺乏大量的真实世界数据也是阻碍人工智能发展的客观原因，在 20 世纪 70 年代中期人工智能进入了第一个冬天。

（2）第二次浪潮

进入 20 世纪 80 年代，专家系统和神经网络等技术的新突破，带领人工智能进入了第二次繁荣期。

专家系统是模拟人类专家决策能力的计算机软件系统。它往往聚焦于单个专业领域，模拟人类专家回答问题或提供知识，帮助工作人员做出决策。它一方面需要人类专家整理和录入庞大的知识库（专家规则），另一方面需要计算机科学家编写程序，设定如何根据提问进行推理找到答案。专家系统不是创造机器生命，而是制造更有用的活字典、好工具。

当时比较知名的专家系统有：1980 年，卡耐基梅隆大学（CMU）研发的 XCON 专家系统，如图 1-8 所示；1982 年，日本国际贸易工业部发起了第五代计算机系统研究计划；1984 年，微电子与计算机技术公司（MCC）发起的 Cyc 专家系统（汇集人类全部常识的专家系统）。

专家系统（Expert System）

模拟人类专家决策能力的计算机软件系统

根据人类专家整理和录入的知识库，依照计算机程序设定的推理规则，回答特定专业领域的问题或提供知识

图 1-8 专家系统

由于专家系统无法自我学习并更新知识库和算法，维护起来越来越麻烦，成本越来越高，而且商业价值有限。到了 20 世纪 80 年代末，各国政府和机构纷纷停止向该领域投入资金，导致人工智能再次步入了冬天。

（3）第三次浪潮

从 20 世纪 80 年代起，人们发现，如果让计算机自己学习知识，而不是人为更新知识库，就可以有效地解决知识获取的问题，于是机器学习成为人们的关注焦点。

2006 年，英国出生的加拿大科学家杰弗里·辛顿（Geoffrey Hinton）（见图 1-9）提出了一种训练深层网络的新思路，打开了深度学习算法的突破口。自辛顿教授在 *Science* 发表深度学习文章 *Reducing the Dimensionality of Data with Neural Networks* 之后，短短的不到 10 年时间里，带来了在视觉、语音等领域革命性的进步，引爆了第三次人工智能的热潮。

杰弗里·辛顿（**Geoffrey Hinton**）
（**1947**— ）

深度学习之父
最早使用广义反向传播算法训练深层网络的研究者之一，目前这种算法已经被人工智能技术广泛应用

图 1-9 杰弗里·辛顿教授

虽然目前深度学习仍然存在很多不足，距离强人工智能还是有很大距离，但它是目前最接近人类大脑运作原理的算法。相信在不远的将来，随着算法的完善和数据的积累，以及硬件层面仿人类大脑神经元材料的出现，深度学习将会让机器更智能化。

1.3 人工智能的行业应用

在第三次浪潮的引领下，当前人工智能技术已在医疗、家居、出行、零售、物流、教育等诸多领域获得广泛应用。

1.3.1 智慧医疗

人工智能的快速发展，为医疗健康领域向更高的智能化方向发展提供了非常有利的技术条件。近几年，智能医疗在辅助诊疗、疾病预测、医疗影像辅助诊断、药物开发等方面发挥了重要作用。新冠疫情防控期间，人工智能在精准防控、医疗援助、检测诊断、远程医疗、药物研发等多个方面发挥了重要作用，如图 1-10 所示。

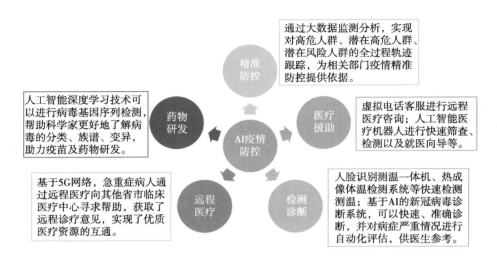

图 1-10　人工智能助力疫情防控

1.3.2　智能家居

随着人工智能、物联网技术的发展以及智慧城市概念的出现，智能家居概念逐步有了清晰的定义并随之涌现出各类产品。智能家居以住宅为平台，实现人远程控制设备、设备间互联互通、设备自我学习等功能，并通过收集、分析用户行为数据为用户提供个性化生活服务，使家居生活安全、节能、便捷等。如图 1-11 所示，借助智能语音技术，用户应用自然语言实现对家居系统各设备的操控，如开关窗帘（窗户）、操控家用电器和照明系统、打扫卫生等操作；借助机器学习技术，智能电视可以从用户看电视的历史数据中分析其兴趣和爱好，并将相关的节目推荐给用户。通过应用声纹识别、脸部识别、指纹识别等技术进行开锁等；通过大数据技术可以使智能家电实现对自身状态及环境的自我感知，具有故障诊断能力；通过收集产品运行数据，发现产品异常，主动提供服务，降低故障率；还可以通过大数据分析、远程监控和诊断，快速发现问题、解决问题及提高效率。

图 1-11　智能家居

1.3.3　智能出行

无人驾驶是当前人工智能技术应用最热门的领域之一。2017 年 12 月 2 日，智能驾驶公交在深圳正式上路，当前该车可以实现自动驾驶下的行人/车辆检测、减速避让、紧急停车、障碍物绕行、变道、自动按站停靠等功能。2022 年中国首批自动驾驶全无人商业运营牌照在重庆和武汉发放，无人驾驶时代已经离我们越来越近了。

此外，我国在大力推行城市智慧交通系统，大幅度提高城市交通运输系统的管理水平和运行效率，为出行者提供全方位的交通信息服务和便利、高效、快捷、经济、安全、人性、智能的交通运输服务；为交通管理部门和相关企业提供及时、准确、全面和充分的信息支持和信息化决策支持，如图 1-12 所示。

图 1-12　智慧交通

1.3.4　智能零售

人工智能技术在零售行业的应用也已经十分广泛，无人便利店、智慧供应链、客流统计、无人仓/无人车等都是热门方向。

"缤果盒子" 24 小时无人便利店已经出现在我们的身边，顾客在 "缤果盒子" 购物时，只需扫描开门二维码就可进店，将选购商品整齐地放置到收银台，屏幕上就会显示购物清单和总价，通过扫码付款，取走物品后店门将自动打开，如图 1-13 所示。

图 1-13　无人便利店 "缤果盒子"

图普科技则将人工智能技术应用于客流统计。通过人脸识别客流统计的功能，可以从性别、年龄、表情、新老顾客、滞留时长等维度，建立到店客流的用户画像，为调整运营策略提供数据基础，帮助门店提升转化率。

1.3.5 智能物流

物流行业中，通过智能搜索、推理规划、计算机视觉以及智能机器人等技术的应用，运输、仓储、配送装卸等流程已经基本实现无人操作。

2018 年 6 月 18 日，京东智能无人配送车上路。该无人配送车会根据激光雷达 + 全球定位系统（GPS）+ 摄像头实现导航定位和避障，在接近配送点时，会向客服发送短信/消息提醒，用户可以通过人脸识别或者短信验证码的方式，从无人配送车中取走快件，如图 1-14 所示。

图 1-14　京东无人配送车

1.3.6 智能教育

人工智能对当前教育行业产生了巨大的影响，目前在规划、教学、评价、学习等各方面都有了具体的人工智能技术应用，如图 1-15 所示。"规划"主要包括规划学习路径、推送学习内容等；"教学"主要包含智慧课堂、语音辅助教学等应用；"评价"主要包含口语测评、作业批改等应用；"学习"主要包含拍照搜索、陪伴机器人等应用。

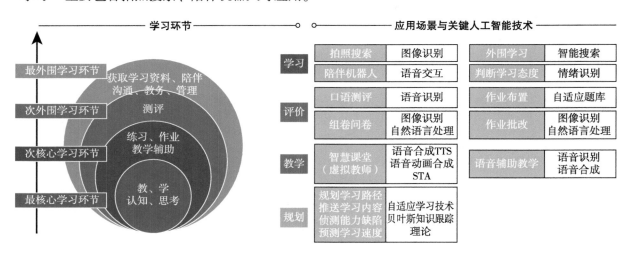

图 1-15　智能教育

除了上述行业，人工智能技术还应用到了其他很多领域。例如，在金融领域开展的大数据风控、智能投资顾问、智能客服等，在新闻媒体领域出现的 AI 主播、AI 编辑，还有在高智力的创作领域。2016 年 3 月，清华大学语音与语言实验中心开发的写诗机器人"薇薇"，经过中国社会科学院唐诗专家评定，通过了"图灵测试"。2017 年 5 月，人类历史上第一部完全由人工智能创造的诗集《阳光失了玻璃窗》（作者微软小冰）正式出版发行。因此，网络上有很多人惊呼："机器人都会写诗了，诗人还有饭碗吗？"

思考与讨论

未来十年，哪些工作可能会被人工智能替代？

这些工作有什么共同特点？

1.4 人工智能的未来

人工智能的概念很宽，种类也很多，按照水平高低，通常可以分成三大类：弱人工智能、强人工智能和超人工智能。

1.4.1 弱人工智能

弱人工智能（Artificial Narrow Intelligence，ANI）只专注于完成某个特定的任务，例如语音识别、图像识别和翻译，是擅长于单个方面的人工智能。例如，阿尔法狗在围棋领域超过了人类，但你让它辨识一下猫和狗，它就不知道怎么做了。

如图 1-16 所示，当前的人工智能产品，大都处在弱人工智能阶段。由于弱人工智能只能处理较为单一的问题，且发展程度并没有达到模拟人脑思维的程度，所以弱人工智能仍然属于"工具"的范畴，与传统的"产品"在本质上并无区别。

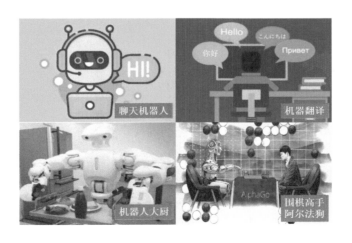

图 1-16 弱人工智能

1.4.2　强人工智能

强人工智能（Artificial General Intelligence，AGI）属于人类级别的人工智能，不受领域、规则限制，只要是人能做的事情，它都能做。它能够进行思考、计划、解决问题、抽象思维、理解复杂理念、快速学习和从经验中学习等操作，并且和人类一样得心应手。

当前科学家们一直在争议，强人工智能到底会不会出现。而在一些科幻电影中已经出现了强人工智能的身影，比如，电影《机械姬》中的女主角艾娃，就是一个强人工智能，她拥有和人类同等的智力，能够轻松通过人类的图灵测试，还会利用谋略欺骗人类，达成自己的目的。

1.4.3　超人工智能

英国牛津大学哲学家、知名人工智能思想家尼克·博斯特罗姆（Nick Bostrom）把超级智能定义为"在几乎所有领域都比最聪明的人类大脑都聪明很多，包括科学创新、通识和社交技能。"超人工智能可以是各方面都比人类强一点，也可以是各方面都比人类强万亿倍的。显然，对于今天的人来说，这是一种只存在于科幻电影中的想象场景。就像电影《异形》里的生化人大卫一样，他已经有了自主意识，并且在各个方面的能力强于人类。

超人工智能将打破人脑受到的维度限制，其所观察和思考的内容，人脑已经无法理解，人工智能将形成一个新的社会。

1.4.4　人工智能的挑战

美国未来学家雷·库兹韦尔（Ray Kurzweil）在《奇点临近》一书中提出，纯人类文明将终止于2045年，届时具有幼儿智力水平的人工智能机器人将会出现，这是强人工智能出现的节点。然后，可怕的事情出现了，在到达这个节点一小时后，人工智能机器人将推导出爱因斯坦的相对论以及其他作为人类认知基础的各种理论；再过一个半小时，这个强人工智能机器人将演进成超级人工智能机器人，智能水平瞬间达到普通人类的17万倍。这就是改变人类种族的"奇点"——"电脑智能"与"人脑智能"兼容的那个时刻。

> **思考与讨论**
>
> 你认为"奇点"会来临吗？
> 假如"奇点"来临，世界将会变成什么样？当前我们应该做哪些准备？

为了预防人工智能发展对人类带来的风险，2017年1月，在美国加利福尼亚州阿西洛马举行的有益人工智能（Beneficial AI）会议上，近千名人工智能和机器人领域的专家，联合签署了"阿西洛马人工智能原则"，呼吁全世界在发展人工智能的同时严格遵守这些原则，共同保障人类未来的利益和安全。

"阿西洛马人工智能原则"分为三大类23条。

第一类为科研问题，共5条，包括研究目标、经费、政策、文化及竞争等。

第二类为道德标准和价值观念，共13条，包括AI开发中的安全、责任、价值观等。

第三类为长期问题，共5条，旨在应对AI造成的灾难性风险。

感兴趣的同学可以在网络上搜索"阿西洛马人工智能原则"，了解下详细内容。

本章小结与评价

本章主要介绍了人工智能基本概念、人工智能发展历程中的三次浪潮、人工智能当前行业应用以及人工智能未来发展趋势四部分内容。通过本章的学习，同学们对人工智能的过去、现在及未来有了一个初步的了解，为进一步学习人工智能领域相关知识打下良好基础。

根据自己掌握情况填写表 1-1 自评部分，小组成员相互填写互评部分。

（A. 非常棒；B. 还可以；C. 一般。在对应的等级打"√"）

表 1-1　本章评价表

评价方向	评价内容	自评			互评		
		A	B	C	A	B	C
基础知识	能描述人工智能的定义，理解人工智能的特点						
	能用自己的语言介绍"图灵测试"的内容						
	能列举三个以上人工智能行业应用案例						
	能客观认识人工智能技术对社会的影响，树立正确的科学技术应用观						
学习品质	对人工智能有浓厚兴趣						
	主动搜集人工智能领域相关资料						
	尊重他人意见，乐于与老师和同学分享、讨论						

第2章
程序设计基础

学习目标

☑ 1. 了解 Python 的基本概念及特点。

☑ 2. 掌握变量及数据类型的相关知识。

☑ 3. 掌握程序设计基本结构的编程技能。

☑ 4. 熟悉列表及函数的基础操作。

2.1 什么是 Python

2.1.1 Python 的概念

在生活中，人们使用汉语、英语、法语、德语、日语等不同的语言跟不同国家的人进行交流。在使用计算机时，人们不能直接使用英语等人类的语言和计算机交流，而是使用编程语言（Programming Language）将人们的想法编写成程序，再通过执行程序控制计算机去解决各种问题。在计算机世界有着数量众多的编程语言，Python 就是其中一种简单易学的编程语言。当前，Python 被广泛用于人工智能、云计算、Web 开发、网络爬虫、系统运维、图形用户界面（GUI）、金融量化投资等众多领域。

2.1.2 Python 的特点

简单：Python 是一种代表简单主义思想的语言。阅读良好的 Python 程序就感觉像是在读英语一样。它使你能够专注于解决问题而不是去搞明白语言本身。

易学：Python 极其容易上手，因为 Python 有极其简单的说明文档。

易读、易维护：风格清晰划一、强制缩进、用途广泛。

速度快：Python 的底层是用 C 语言写的，很多标准库和第三方库也都是用 C 语言写的，运行速度非常快。

免费、开源：Python 是 FLOSS（自由/开放源码软件）之一。使用者可以自由地发布这个软件的复制件、阅读它的源代码、对它做改动、把它的一部分用于新的自由软件中。FLOSS 是基于一个团体分享知识的概念。

高层语言：用 Python 语言编写程序的时候，无须考虑诸如如何管理程序使用的内存一类的底层细节。

可移植性：由于它的开源本质，Python 已经被移植在许多平台上（经过改动使它能够工作在不同平台上）。

解释性：一段用编译性语言比如 C 或 C++ 写的程序可以从源文件（即 C 或 C++ 语言）转换到一个你的计算机使用的语言（二进制代码，即 0 和 1）。

面向对象：Python 既支持面向过程的编程也支持面向对象的编程。在"面向过程"的语言中，程序是由过程或仅仅是可重用代码的函数构建起来的。在"面向对象"的语言中，程序是由数据和功能组合而成的对象构建起来的。

Python 是完全面向对象的语言。函数、模块、数字、字符串都是对象，并且完全支持继承、重载、派生、多继承，有益于增强源代码的复用性。Python 支持重载运算符和动态类型。相对于 Lisp 这种传统的函数式编程语言，Python 对函数式设计只提供了有限的支持。两个标准库（functools、itertools）提供了 Haskell 和 Standard ML 中久经考验的函数式程序设计工具。

可扩展性、可扩充性：如果需要一段关键代码运行得更快或者希望某些算法不公开，可以部分程序用 C 或 C++ 编写，然后在 Python 程序中使用它们。

可嵌入性：可以把 Python 嵌入 C/C++ 程序，从而向程序用户提供脚本功能。

丰富的库：Python 标准库很庞大，包括正则表达式、文档生成、单元测试、线程、数据库、网页浏览器、公共网关接口（CGI）、文件传送协议（FTP）、电子邮件、可扩展标记语言（XML）、XML - 远程过程调用（RPC）、超文本标记语言（HTML）、WAV 文件、密码系统、GUI、Tk 和其他与系统有关的操作。

规范的代码：Python 采用强制缩进的方式使得代码具有较好的可读性。

对于未学过任何编程语言，或者只学过 Scratch 的人来说，Python 充满神秘气息，但它是一门简单易学的编程语言，只需要掌握为数不多的几十个关键字，就可以使用 Python 语言编写程序。

在本书使用的 Python 3 版本中共有 33 个关键词，表 2-1 中列出了本书用到的 Python 语言部分关键字，只要掌握了这些关键字，就能编写 Python 程序，同时，在编写程序时，还需要使用一些英文单词来命名变量。如果英文有困难不会输入，也可暂时使用拼音命名变量，这不影响程序执行。

表 2-1　Python 语言部分关键字

序号	关键词	代码含义
1	if	如果
2	else	否则
3	while	while 型循环
4	for	for 型循环
5	and	逻辑与运算符
6	or	逻辑或运算符
7	not	逻辑非运算符
8	True	真，布尔类型
9	False	假，布尔类型
10	None	空值，数据类型
11	continue	跳出本次循环，继续下次循环

（续）

序号	关键词	代码含义
12	break	跳出整个循环
13	pass	空语句，不做任何事情
14	return	返回语句，退出 def 语句块
15	import	导入模块
16	from	与 import 配合导入模块
17	Def	define 的缩写，定义一个函数

2.2 变量与数据类型

2.2.1 变量的赋值

在数学中，用字母表示数，可以把数或数量关系简单地表示出来。例如，在公式和方程中使用字母表示数，能把解决方法从具体应用中抽象出来，给运算带来方便。Python 编程继承了数学上的这种做法，使用变量来表示各种数据。

示例：

```
>>> height = 100    # 创建变量并赋值
```

上面的示例使用赋值操作创建了一个名为 height 的变量，它所表示的数据就是整数 100，也可以说变量 height 的值是 100。等号 " = " 是赋值操作符，它的作用是将右边的数据赋给左边的变量。

Python 中支持同时给多个变量赋值。这种方式能够减少代码行数，让代码更紧凑。

示例：

```
>>> x,y = 50,80              # 创建多个整型变量并赋值
>>> a,b = 'ABC','cdb'        # 创建多个字符型变量并赋值
```

2.2.2 变量的命名

在 Python 语言中，规定变量名使用**英文字母**、**数字**和**下划线**来命名，并且不能以数字开头。还要注意，变量名是区分大小写的，不要使用 Python 关键字作为变量名。在给变量命名时，通常会取一个有意义的名字，使其他人看到变量名就知道它的作用。示例如下：my_name、Myname、_name、ball_9 等。错误变量命名示例：my‾name（命名中不能出现上划线）、My name（命名中不能出现空格）、﹡name（命名中不能出现星号）、8_ball（命名中不能以数字开头）等。

2.2.3 变量的变与不变

在 Python 语言中，通过赋值操作创建变量，变量包括变量名和变量值两部分。变量在创建之

后，变量名会固定下来，但变量的值是可以变化的。像一个大抽屉，抽屉被贴上标签之后会固定下来，但里面存放的物品是可以变化的。变量名像一个标签，可以贴到不同的数据上，变量的数据类型是可以动态改变的，想了解一个变量在某个时刻是哪种数据类型，可以使用 type() 函数进行查看。

2.2.4　数据类型

在编写程序解决问题的过程中，为了更好地处理各种数据，程序设计语言提供了多种数据类型。Python 语言中常见的数据类型如图 2-1 所示。

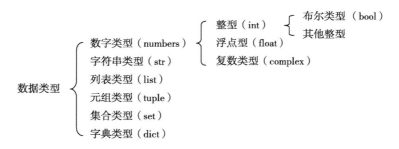

图 2-1　Python 语言中常见的数据类型

1. 数字类型（numbers）

Python 中的数字类型包含整型、浮点型和复数类型。

示例：

整型：15（正数）　　−239（负数）　　0101（二进制 5）　　0X80（十六进制 128）

浮点型：3.1415（小数）　　4.2e3（4200）　　−4.2e−3（−0.0042）

复数类型：5+1.2j　12−0.9j

（1）整型（int）

int() 函数用于将浮点数、布尔值或者是由数字（0~9）构成的字符串转换为整型。

int() 函数默认用十进制转换数据，如果试图转换含有英文字母、特殊符号等非数字的字符串，则会报错。

（2）布尔类型（bool）

布尔类型是 Python 语言中用来表示逻辑值的一种数据类型，布尔类型的变量只能选取 True 或 False 中的一个作为值，用 True 表示逻辑真，用 False 表示假。能够计算得到布尔值 True 或 False 的表达式，称为布尔表达式。

与其他数据类型做 and、or、not 运算（逻辑与、或、非运算）时，会把 0、空字符串和 None 看成 False，其他数值和非空字符串都看成 True。

（3）浮点型（float）

float() 函数用于将整数、布尔值或者是由数字（0~9）和小数点（.）构成的字符串转换为浮点型。

如果要转换的字符串中含有数字（0~9）和小数点（.）之外的其他字符，则会报错。

（4）复数类型（complex）

复数（Complex）是 Python 语言的内置类型。复数由实部（real）和虚部（imag）构成，在

Python中，复数的虚部以 j 或者 J 作为后缀，具体格式为：a + bj。

2. 字符串类型（str）

在 Python 语言中，字符串是一种表示文本的数据类型，要求将文本数据放在一对单引号或双引号中。字符串可用来表示一句话、一本图书的名字、一个网址或者一个电话号码等，任何放在一对单引号或双引号中的内容都被当成字符串。不可以用中文引号。

单引号或双引号用于表示字符串数据，在使用 print() 函数输出字符串时不会输出单引号或双引号。

示例：

```
>>> a = 'Python'          # 创建字符型变量并赋值
>>> print(a)              # 输出变量的值
Python                    # 执行结果
>>> a,b = 'ABC','cdb'     # 创建多个字符型变量并赋值
>>> print(b)              # 输出变量的值
cdb                       # 执行结果
```

3. 列表类型（list）

列表类型（list）是包含 0 个或多个元素的有序数列，属于可变序列的类型，即可进行增、删、改查等操作。列表没有长度限制，元素类型可以不同。

示例：

```
>>> number = [0,1,2,3,4,5]        # 直接创建列表并赋值
>>> print(number)                 # 输出变量的值
[0,1,2,3,4,5]                     # 执行结果
>>> number = list('012345')       # 使用 list() 函数创建列表并赋值
>>> print(number)                 # 输出变量的值
['0', '1', '2', '3', '4', '5']    # 执行结果
```

4. 元组类型（tuple）

列表非常适合用于存储在程序运行期间可能变化的数据集。列表是可以修改的，这对处理一些可变的数据或游戏中的角色列表至关重要。然而，有时候需要创建一系列不可修改的元素，元组可以满足这种需求。Python 语言将不能修改的值称为不可变的，而不可变的列表被称为元组。

元组使用() 小括号，特别注意的是，赋值后其中的元素不可修改。

示例：

```
>>> number = (1, 2, 'hello')    # 直接创建元组并赋值
>>> print(number)               # 输出变量的值
(1, 2, 'hello')                 # 执行结果
```

5. 集合类型（set）

集合（set）是一个无序不重复元素的序列，基本功能是进行成员关系测试和删除重复元素；可以使用大括号 {} 或者 set() 函数创建集合。注意：创建一个空集合必须用 set() 而不是 {}，因为 {} 是用来创建一个空字典的。

示例：

>>> a = set("zhang")	# *直接创建集合并赋值*
>>> print(a)	# *输出变量的值*
{'a', 'h', 'z', 'g', 'n'}	# *执行结果*

6. 字典类型（dict）

字典是另一种可变容器模型，且可存储任意类型对象。

每一个元素可以形成 key – value 对（键–值对），然后可以通过键 key 索引访问来读写对应的 value 值。

字典（dictionary）是包含若干"键：值"元素的无序可变序列，字典中的每个元素包含"键"和"值"两部分，表示一种映射或对应关系也称为关联数组。定义字典时，每个元素的"键"和"值"用冒号分隔，不同元素之间用逗号分隔，所有的元素放在一对大括号"{}"中。

字典中的"键"可以是 Python 语言中任意不可变数据、整数、实数、复数、字符串、元组等，但不能使用列表、集合、字典或其他可变类型作为字典的"键"。另外，字典中的"键"不允许重复，而"值"是可以重复的。

示例：

>>> dict_a = {'name':'zhangsan', 'age':18}	# *创建字典并赋值*
>>> print(dict_a['age'])	# *输出 'age' 对应的值*
18	# *执行结果*

2.2.5 算术表达式

表达式计算是编程语言的一个最基本功能。在 Python 语言中，表达式由操作数、运算符和括号等组成，它的书写方式、运算符、运算顺序等与数学中的基本一致。表达式计算之后得到的结果，需要赋值到变量中，以便在其他地方使用。

算术表达式是通过算术运算符来运算的，又称为数值表达式。常见运算符见表 2-2。

表 2-2 常见运算符

运算符	描述	示例
+	加法运算	a + b = 22
–	减法运算	a – b = 2
*	乘法运算	a * b = 120
/	除法运算	a/b = 1.2
%	取模运算，返回除法的余数	12 % 10 = 2
//	整除运算	12//10 = 1
**	幂运算	a ** 2 = 144

拓展知识

/ 和 // 的区别

进行除法（/）运算时，无论是否整除，返回的都是浮点数（float）。

进行整除（//）运算时，始终为向下取整；当参与运算的两个数都是整数时，返回的结果也是整数（int）；当其中一个数是浮点数时，返回的结果就是浮点数（float）。

2.2.6 运算顺序

在 Python 进行运算时，也有运算的优先级。优先级高的运算符先进行运算，相同优先级的运算符按从左到右的顺序进行运算。如果想改变运算顺序，可以使用小括号。规则和数学上的规则一致，见表 2-3。

表 2-3 运算优先级

优先级	运算符	描述
1	**	幂运算
2	*、/、%、//	乘法运算、除法运算、取模运算、整除运算
3	+、-	加法运算、减法运算

 小知识

在数学上，要使用小括号()、中括号 [ ] 和大括号 { } 等不同类型的括号来调整表达式各组成部分的运算优先级；在 Python 语言中，只使用小括号()。

1. 关系运算

使用关系运算符比较两个运算量之间大小关系的运算，称为关系运算（或比较运算），运算的结果是一个布尔值。用关系运算符构建的表达式，称为关系表达式，分别有等于、大于、小于、大于等于、小于等于、不等于，见表 2-4。

表 2-4 关系表达式

名称	数学符号	Python 运算符	示例（a = 8）	结果
等于	=	==	a == 0	False
不等于	≠	! =	a ! = 0	True
大于	>	>	a > 0	True
小于	<	<	a < 0	False
大于等于	≥	>=	a >= 0	True
小于等于	≤	<=	a <= 0	False

2. 逻辑运算

使用逻辑运算符表示运算量逻辑关系的运算，称为逻辑运算，运算的结果是一个布尔值。Python 语言中支持的逻辑运算符有逻辑与（and）、逻辑或（or）和逻辑非（not）。

（1）逻辑与（and）

当进行逻辑与运算的两个运算量同时为 True 时，运算结果才为 True，否则为 False。

（2）逻辑或（or）

当参与逻辑或运算的两个运算量同时为 False 时，运算结果才为 False，否则为 True。

（3）逻辑非（not）

逻辑非运算符用于对表达式的结果进行取反操作。当表达式的值为 True 时，逻辑非运算的结果为 False，反之为 True。

注意：关系运算符的优先级高于逻辑运算符。

2.3　程序设计基本结构

程序设计是给出解决特定问题程序的过程，是软件构造活动中的重要组成部分。程序设计往往以某种程序设计语言为工具，给出这种语言下的程序。下面来介绍 Python 语言下的程序设计及其基本结构。

2.3.1　程序

程序是用来控制计算机工作的一系列指令的集合。一般来说，程序通常由输入数据、处理数据和输出数据三部分组成，如图 2-2 所示。

图 2-2　Python 程序的组成

1. print 输出函数

使用格式：print（内容）

内容可以是数值、字符串、各种类型的变量或表达式，以及对应的格式化控制输出。

示例：

```
>>> print(2022)           # 内容为数值
2022                      # 执行结果
>>> print('新年快乐！')     # 内容为字符串
新年快乐！                  # 执行结果
>>> a ='中国人'
>>> print( a)             # 内容为变量
中国人                     # 执行结果
>>> a = 3
```

```
>>> b = 4
>>> print( a * b )                      # 内容为算术表达式
12                                      # 执行结果
```

字符串换行（\n）和重复输出（*重复次数）的示例如下。

示例：

```
>>> print('我爱北京\n 天安门')
我爱北京
天安门
>>> print('中国梦' * 3)
中国梦中国梦中国梦
```

2. input 输入函数

使用格式：input（提示语）

提示语内容可以为空或者字符串、变量内容。可以将 input 输入赋值给一个变量，以获得输入内容。

示例：

```
>>> input( )               # 提示语内容为空
15                         # 空格内输入内容
15                         # 执行结果
>>> input('age:')          # 提示语内容为字符串
age:18                     # 空格内输入内容
18                         # 执行结果
>>> age = input( )         # 将 input 输入赋值给变量
20                         # 空格内输入内容
>>> print( age )           # 输出变量值
20                         # 执行结果
```

在 Python 2. X 版本中，使用 input( ) 函数进行输入，输入的数据是什么类型，对应的变量就是什么类型。而用 raw_input( ) 函数进行输入，会将所有输入作为字符串看待。在 Python 3. X 版本中，使用 input( ) 函数进行输入，默认得到的是一个字符串，如果想得到数字，需要使用 int( ) 或 eval( ) 转换类型。

2.3.2　程序设计的基本结构

程序设计可以按照设计方法分为三种：面向过程的结构化程序设计、面向对象的程序设计和面向切面的程序设计，本书主要讲解第一种。面向过程的结构化程序设计又分为三种基本结构：顺序结构、选择结构、循环结构。

1. 顺序结构

顺序结构是按从上往下的顺序去执行代码，如图 2-3 所示。

示例：

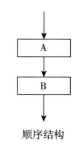

顺序结构

>>> age = input('请输入你的年龄:')	# 变量命名及赋值
>>> print(age)	# 输出变量值,顺序执行该两行代码
请输入你的年龄:17	# 空格内输入内容
17	# 执行结果

图 2-3　顺序结构执行

2. 选择结构

生活中充满了选择：如果今天下雨，我就需要带伞，否则会被淋湿；去市场买菜时比较一下价格，哪家价格低就买哪家；会根据实际条件做出这样或那样的选择。编写程序也是一样，当某个条件得到满足时就去做特定的事情，否则就做另一件事情，这就是选择结构。

在选择结构和循环结构中，都要根据条件表达式的值来确定下一步的执行流程。条件表达式的值只要不是 False、0（或 0.0、0j 等）、空值 None、空列表、空元组、空集合、空字典、空字符串、空 range 对象或其他空迭代对，Python 解释器均认为与 True 等价。从这个意义上来讲，所有的 Python 合法表达式都可以作为条件表达式，包括含有函数调用的表达式，如图 2-4 所示。

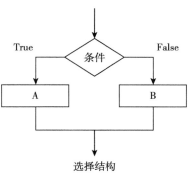

选择结构

图 2-4　选择结构图

根据不同的场景也会有不同的选择结构语句，大致分为下面这几类。

（1）单分支选择结构

单分支选择结构是最简单的一种形式，其语法为：

> if 表达式：
> 　　语句块（必须缩进 4 个空格）

其中表达式后面的冒号"："是不可缺少的，表示一个语句块的开始，后面几种其他形式的选择结构和循环结构中的冒号也是必须要有的。当表达式值为 True 或其他等价值时，表示条件满足，语句块将被执行，否则该语句块将不被执行，继续执行后面的代码（如果有）。

示例：

>>> age=input('请输入你的年龄:')	# 变量命名及赋值
>>> if age < 18:	# 判断表达式
>>> 　　print('你还未成年,请示家长！')	# 语句块,必须缩进 4 个空格
请输入你的年龄:17	# 空格内输入内容
你还未成年,请示家长！	# 执行结果

（2）双分支选择结构

双分支选择结构的语法为：

> if 表达式：
> 　　语句块 1

23

```
else：
    语句块 2
```

当表达式值为 True 或其他等价值时，执行语句块 1，否则执行语句块 2。

示例：

>>> age=input('请输入你的年龄:')	# 变量命名及赋值
>>> if age < 18:	# 判断表达式
>>> print('你还未成年,请示家长！')	# 语句块1,必须缩进4个空格
>>> else:	
>>> print('你已成年,需独立承担责任！')	# 语句块2
请输入你的年龄:18	# 空格内输入内容
你已成年,需独立承担责任！	# 执行结果

（3）多分支选择结构

多分支选择结构提供了更多的选择，可以实现复杂的业务逻辑，多分支选择结构的语法为：

```
if 表达式 1：
    语句块 1
elif 表达式 2：
    语句块 2
elif 表达式 3：
    语句块 3
…
else：
    语句块 n
```

关键字 elif 是 else if 的缩写。

示例：

>>> score=input('请输入你的成绩:')	# 变量命名及赋值
>>> if score >= 90:	# 判断表达式
>>> print('优秀')	# 语句块1,必须缩进4个空格
>>> elif score >= 80:	
>>> print('良好')	# 语句块2
>>> elif score >= 60:	
>>> print('及格')	# 语句块3
>>> else:	
>>> print('不及格')	# 语句块4
请输入你的成绩:95	# 空格内输入内容
优秀	# 执行结果

（4）选择结构的嵌套

选择结构可以通过嵌套来表达复杂的逻辑关系。

```
if 表达式 1：
    语句块 1
    if 表达式 2：
        语句块 2
    else：
        语句块 3
else：
    if 表达式 4：
        语句块 4
```

示例：

>>> score=input('请输入你的成绩：')	# 变量命名及赋值
>>> if score >= 60：	# 判断表达式
>>> 　　if score >= 90：	# 嵌套选择结构
>>> 　　　　print('优秀')	# 语句块 1
>>> 　　elif score >= 80：	
>>> 　　　　print('良好')	# 语句块 2
>>> 　　else：	
>>> 　　　　print('及格')	# 语句块 3
>>> else：	
>>> 　　print('不及格')	# 语句块 4
请输入你的成绩：55	# 空格内输入内容
不及格	# 执行结果

3. 循环结构

重复性的劳动会使人疲劳，而计算机不会，只要代码写得正确，计算机就会孜孜不倦、不知疲劳地重复工作。循环结构是计算机按一定的程序条件反复执行代码，如图 2-5 所示。

Python 语言中主要有两种形式的循环结构：for 循环和 while 循环。

（1）for 循环

for 循环一般用于循环次数可以提前确定的情况，尤其适用于枚举或遍历序列或迭代对象中元素的场合。

for 语句的基本格式为：

```
for 循环变量 in 序列：
    语句块
```

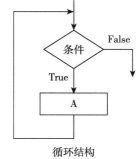

循环结构

图 2-5　循环结构

for 语句每次从序列中取出一个元素赋值给循环变量（循环变量初值即为序列中的第一个元素值），当依次访问完序列中所有元素后，循环结束。需要注意的是，for…in 后面的冒号不能省略。

25

示例：

```
>>> for name in ['张同学','王同学','李同学']:
>>>     print('name')          # 语句块,必须缩进 4 个空格
张同学                          # 执行结果
王同学
李同学
```

（2）while 循环

while 循环一般用于循环次数难以提前确定的情况，当然也可以用于循环次数确定的情况。

while 语句的基本格式为：

> while 表达式：
>   语句块

while 语句中的表达式是循环控制条件，其值一般为布尔值（True 或 False）。表达式的值为 True 时，执行循环体内的语句，否则就退出循环，执行下一条语句。需要注意的是，while 表达式后面的冒号不能省略。

示例（整数累加）：

```
>>> a = int(input('请输入正整数:'))      # 变量命名及赋值
>>> i, s = 0, 0                         # 多变量命名及赋值
>>> while (i <= a):                     # while 循环
>>>     s = s + i                       # 语句块 1,必须缩进 4 个空格
>>>     i = i + 1                       # 语句块 2,必须缩进 4 个空格
>>> print('累加求和:' + str(s))          # 输出结果
请输入正整数:5                          # 空格内输入内容
累加求和:15                             # 执行结果
```

（3）循环嵌套

一个循环结构内可以包含另一个循环，这样的结构称为循环嵌套，也称多重循环。常用的循环嵌套是二重循环，外层循环称为外循环，内层循环称为内循环。内循环是外循环的循环体。循环嵌套的执行过程是要首先执行外层循环，外循环每执行一次，内循环则需要执行一个完整的循环。

示例（寻找素数）：

```
>>> a = int(input('请输入正整数:'))      # 变量命名及赋值
>>> i = 2                               # 变量命名及赋值
>>> while (i <= a):                     # while 循环
>>>     j = 2                           # 语句块 1,必须缩进 4 个空格
>>>     while(j <= (i/j)):              # 嵌套循环
>>>         if not(i%j): break          # 嵌套判断语句
>>>         j = j + 1                    # 语句块 2
>>>     if (j > i/j):                   # 嵌套判断语句
>>>         print i,'是素数'             # 输出结果
```

>>>　　i = i + 1	# 语句块2
>>> print('结束！')	# 输出结果
请输入正整数:10	# 空格内输入内容
2 是素数	# 执行结果
3 是素数	
5 是素数	
7 是素数	
结束！	

拓展知识

break 与 continue 语句的区别

break 语句和 continue 语句在 while 循环及 for 循环中都可以使用，并且一般常与选择结构结合使用。

break 语句被执行时，将使得 break 语句所属层次的循环提前结束，会跳到循环体外的第一个可执行语句。

continue 语句的作用是提前结束本次循环，并忽略 continue 之后的所有语句，直接回到循环的顶端，提前进入下一次循环。

2.4　列表的基础操作

列表是重要的 Python 语言内置可变序列之一，是包含若干元素的有序连续内存空间。

在形式上，列表的所有元素放在一对中括号"［］"中，相邻元素之间使用逗号分隔开，当列表增加或删除元素时，列表对象自动进行内存的扩展或收缩，从而保证元素之间没有缝隙。

Python 语言中，同一个列表中元素的数据类型可以各不相同，可以同时分别为整数、实数、字符串等基本类型，也可以是列表、元组、字典、集合以及其他自定义类型的对象。

列表的操作可分为两种类型，一种类型为对列表元素的处理，另一种类型为对列表的处理。每种类型都有四种操作：提取、修改、增加、删除（可简称为取、改、增、删）。

1. 创建列表和访问列表元素

使用一对中括号［］可以创建一个空列表；也可以创建元素，各元素用逗号分隔，各元素的数据类型可以是不同的；使用 len() 函数可以获取一个列表的长度，即列表中的元素个数。

要访问列表中的元素，用下标访问，列表中的第 1 个元素的下标是 0，第 2 个元素的下标是 1，以此类推。

使用截取运算符［start：end］访问列表，称为切片，通过使用 list［start：end］的语法从一个列表中读取其中的一部分，也就是返回从下标 start 到下标 end − 1 范围内的一个子列表。

示例：

```
>>> list1 = ['张同学','王同学','李同学', 82, 95, 58]    # 创建列表
>>> print 'list1[0]:',list1[0]           # 输出第 1 个元素
>>> print 'list1[1:5]:',list1[1:5]       # 输出第 2~5 个元素
list1[0]：张同学                          # 执行结果
list1[1:5]:王同学,李同学,82, 95
```

2. 更新列表元素

创建好列表之后，还可以使用 append( ) 函数向列表中添加新元素（尾部）。

使用 insert( ) 函数向列表中的指定位置插入新元素。

使用 extend( ) 函数可以将一个外部列表添加到本列表中，外部列表中的各个元素被依次追加到本列表的后面。

使用 del( ) 函数来删除列表的元素。

示例：

```
>>> list1 = ['张同学','王同学','李同学', 82, 95, 58]    # 创建列表
>>> del list1[2:4]                        # 删除第 3~4 个元素
>>> print list1                           # 输出列表
['张同学','王同学', 95, 58]               # 执行结果
>>> list1. append(90)                     # 在列表尾部添加元素
>>> list1. insert(2,'刘同学')             # 在列表对应位置添加元素
>>> list2 = ['何同学', 75]                # 创建列表
>>> list1. extend(list2)                  # 添加外部列表
>>> print list1                           # 输出列表
['张同学','王同学', '刘同学',95, 58,90,'何同学', 75]   # 执行结果
```

3. 用 for…in…语句遍历列表

使用 for…in…语句可以方便地遍历列表中的元素。

示例：

```
>>> list1 = ['张同学','王同学', 95, 58]   # 创建列表
>>> for i in list1：                       # 遍历列表
>>>     print(i)                           # 输出结果
张同学                                     # 执行结果
王同学
95
58
```

2.5 函数的创建与应用

2.5.1 什么是函数

函数是指将一组单一功能的代码，通过一个名字封装起来，要想执行这个函数，只需调用其函数名即可。

函数能提高代码重复利用率和应用的模块性。

函数的基本格式为：

```
def 函数名（形式参数）：
    函数体
    return    返回值
```

2.5.2 定义函数

创建自定义函数时，以 def 关键字作为一行的开始，在 def 关键字和函数名之间留一个空格，在函数名后面是一对圆括号和一个冒号。

在圆括号中设定函数的参数，如果有多个参数，用逗号分隔；如果不需要参数，则圆括号内留空即可。

在冒号之后新起一行是函数体部分，函数体中的代码相对 def 语句向右缩进 4 个空格。函数体用于实现函数的具体功能。

在函数体的最后一行，可用 return 关键字返回一个值，提供给该函数的调用者使用；如果不需要返回值，则可以省略。

自定义函数建立之后，就可以像 Python 语言提供的函数一样在程序中调用。

示例（定义一个求和函数）：

```
>>> def sn(n):                  # 定义函数
>>>     result = 0              # 函数体
>>>     for i in range(1, n + 1):   # 函数体
>>>         result = result + i     # 函数体
>>>     return result          # 返回值

>>> print sn(100)             # 输出调用函数
5050                          # 执行结果
```

本章小结与评价

本章主要学习什么是 Python 语言、变量的应用与数据类型的内容、程序设计基本结构、列表的

基本操作、函数的创建与应用五部分内容。通过本章的学习，同学们对 Python 语言有一个初步的了解，掌握 Python 语言的基础内容，为进一步学习人工智能领域相关知识打下良好基础。

根据自己掌握情况填写表2-5自评部分，小组成员相互填写互评部分。

（A. 非常棒；B. 还可以；C. 一般。在对应的等级打"√"）

表2-5 本章评价表

评价方向	评价内容	自评			互评		
		A	B	C	A	B	C
基础知识	能描述 Python 的定义，了解 Python 的特点						
	能熟练掌握 Python 的基础内容并且进行基本的程序编写						
学习品质	对 Python 有浓厚兴趣						
	主动尝试编写程序						
	尊重他人意见，乐于与老师和同学分享、讨论						

主题二
计算机如何看世界

视觉系统是人类获取外部信息最主要的渠道，当人们睁开眼睛，就会看到五彩斑斓的世界。通过主题一的学习，我们了解到语音处理技术赋予了智能机器人"听说"的能力，那么，机器能像人一样具备"看"的能力吗？

本主题我们将一起去探秘计算机视觉，让同学们了解计算机是如何"看"世界的！

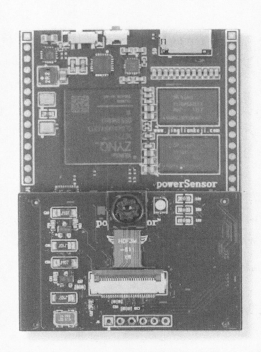

第3章

识图认物的原理

- ☑ 1. 能描述计算机视觉的主要研究方向。
- ☑ 2. 能表述像素、分辨率、灰度图、RGB 等词的含义。
- ☑ 3. 能理解图像操作的基本原理。
- ☑ 4. 能理解卷积运算、图像梯度运算的过程。

3.1 计算机眼中的图像

"看"是人类与生俱来的能力。在聚会中，我们可以很轻松地认出熟人；在一堆宠物照片中，也可以很轻易地辨认出哪张是小狗的照片，哪张是小猫的。那么，计算机可以"看"世界吗？

3.1.1 计算机视觉的研究领域

计算机视觉（Computer Vision，CV）是一门研究如何让计算机达到人类那样"看"的学科。更准确点说，它是利用摄像机和计算机代替人眼使得计算机拥有类似于人类那种对目标进行分割、分类、识别、跟踪、判别决策的功能。计算机视觉是使用计算机及相关设备对生物视觉的一种模拟，是人工智能领域的一个重要部分，它的研究目标是使计算机具有通过二维图像认知三维环境信息的能力。计算机视觉是以图像处理技术、信号处理技术、概率统计分析、计算几何、神经网络、机器学习理论和计算机信息处理技术等为基础，通过计算机分析与处理视觉信息。

作为一个科学学科，计算机视觉领域的研究维度主要分为影像的几何属性处理和语义感知处理。如图 3-1 所示，影像的几何属性处理是计算机视觉的基础，主要包括影像处理、3D 建模及图像增强。语义感知处理是要建立影像信息与语言描述之间的对应关系。这是当前人工智能在计算机视觉领域主要研究的方向，包括图像分类、图像检测、图像分割、图像识别、图像检索和图像语言等。

当前，计算机视觉技术已经被广泛地应用到交通、安防、金融、医疗、工业生产和教育等领域，如图 3-2 所示。

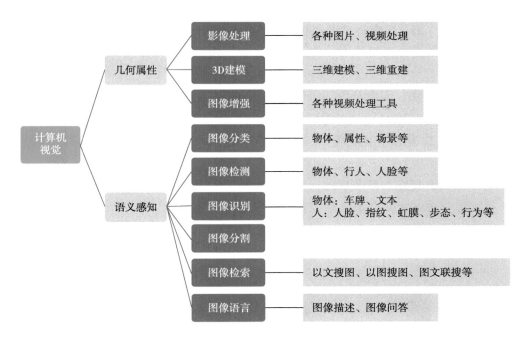

图 3-1 计算机视觉的研究维度

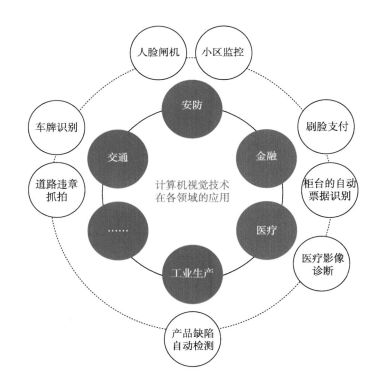

图 3-2 计算机视觉的应用领域

3.1.2 计算机眼中的图像

要想进一步理解计算机是如何"看"世界的,我们先要了解下计算机是如何"看"图像的。

1. 计算机中的灰度图像

我们先以灰度图像（黑白图像）举例，如图 3-3 所示，将左边数字 8 的图像逐步放大到右边数字 8 的图像，我们会发现图像变得失真，并且在该图像上出现了一些小方框。

图 3-3 计算机中的灰度图

这些小方框被称为**像素**，像素是数字图片最小的组成单位。图像的尺寸一般按照图像的高度（x）和宽度（y）上的像素数表示。如图 3-3 所示，高度为 22 像素，宽度为 16 像素，此图像的尺寸将为 **22×16**。

计算机中的图像无法直接存储和展示，以数字的形式存储。如图 3-4 所示，这些像素中的每一个都表示为数值，而这些数字称为**像素值**。这些像素值表示像素的强度。对于灰度或黑白图像，像素值范围是 0~255，0 代表黑色，255 代表白色。组成图片的数字矩阵称为**通道**，灰度图像只有一个通道。

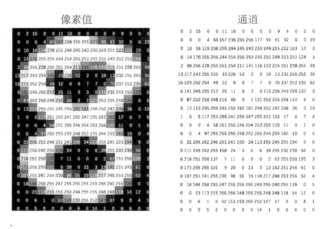

图 3-4 像素值及通道

2. 计算机中的彩色图像

RGB 色彩模式是工业界的一种颜色标准，是通过对红（R）、绿（G）、蓝（B）3 个颜色通道的变化以及它们相互之间的叠加来得到各式各样的颜色，RGB 分别代表红、绿、蓝 3 个通道的颜色，如图 3-5 所示。

彩色图片　　　　　　　红色　　　　　　　绿色　　　　　　　蓝色

图 3-5 RGB 彩色图像

R、G、B 的取值范围均为 0~255，数值越大越亮，例如，黑色（0，0，0）、白色（255，255，255）、红色（255，0，0）、绿色（0，255，0）、蓝色（0，0，255）。RGB 彩色图在计算机中是以 3 组二维数组的方式进行存储的。如图 3-6 所示，该图像是一张 6×5×3 的彩色图像，图像高度是 6 像素，宽度是 5 像素，有 3 个通道。

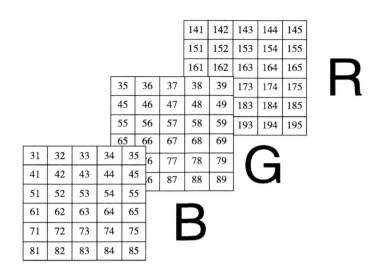

图 3-6　RGB 彩色图的存储

3. 分辨率

分辨率分为显示分辨率和图像分辨率。

显示分辨率（屏幕分辨率）是屏幕图像的精密度，是指显示器所能显示的像素有多少。显示器可显示的像素越多，画面就越精细，所以分辨率是个非常重要的性能指标。因此，同样屏幕大小的显示屏，1024×768 分辨率的显示清晰度要比 800×600 的高。

图像分辨率则是指单位英寸中所包含的像素点数。图像分辨率和图像的像素有直接关系。一张分辨率为 640×480 的图片，那它的分辨率就达到了 307 200 像素，也就是我们常说的 30 万像素，而一张分辨率为 1600×1200 的图片，它的像素就是 192 万，也就是我们常说的 200 万像素。分辨率的两个数字表示的是图片分别在长和宽上占的点数的数量。

掌握了电子图像的基础知识，接下来我们开始学习计算机是如何处理电子图片的。

3.2　图像处理的基本操作

本书配套的 PowerSensor 视频模块已经预安装了 Jupyter Notebook 应用，并加载了 OpenCV 库，下面我们借助该模块给同学们演示计算机是如何处理图像的，PowerSensor 视频模块的详细操作将在下一节介绍。

OpenCV 是一个基于 BSD 许可（开源）发行的跨平台计算机视觉库，提供了图像处理和计算机视觉方面的很多通用算法。如果没有视频识别模块，可以在计算机上安装 Jupyter Notebook 应用，并加载 OpenCV 库。

3.2.1　电子图像的存储

1. 彩色图片的存储

首先，我们通过程序来了解下彩色图片 cat.jpg 在计算机中是如何存储的，程序如图 3-7 所示。

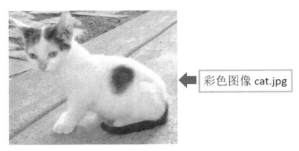

```
In [1]:    import cv2                                      # 导入OpenCV计算机视觉库
           import numpy as np                              # 导入开源的科学计算库
           import matplotlib.pyplot as plt                 # 导入2D绘图库（x，y轴）
           from IPython.display import clear_output        # 导入图片显示库
           import time                                     # 导入时间模块
           import PowerSensor as ps                        # 导入PowerSensor视频识别模块

In [2]:    img = cv2.imread("./cat.jpg")                   # 将图片赋值给函数img
```

图 3-7   输出彩色图片存储值的程序

部分输出结果如图 3-8 所示，每个像素点的值均为 RGB 三通道 0～255 之间的数值组成。

```
In [3]:    print(img)

[[[142 151 160]
  [146 155 164]
  [151 160 170]
  ...
  [156 172 185]
  [155 171 184]
  [154 170 183]]

 [[108 117 126]
  [112 123 131]
  [118 127 137]
  ...
  [155 171 184]
  [154 170 183]
  [153 169 182]]

 [[108 119 127]
  [110 123 131]
  [118 128 138]
  ...
```

图 3-8   彩色图存储部分输出结果

2. 灰度图片的存储

将图 3-6 转换为灰度图片输出，程序及图片效果如图 3-9 所示。

```
In [4]:    img=cv2.imread('cat.jpg', cv2.IMREAD_GRAYSCALE)    # 将图片转换成灰度图，并赋值给img
           ps.CommonFunction.show_img_jupyter(img)            # 显示图片效果
```

图 3-9   转化灰度图程序及图片效果

部分输出结果如图 3-10 所示，输出值是一组二维数组。

```
In [5]:  print(img)      # 输出函数值
         [[153 157 162 ... 174 173 172]
          [119 124 129 ... 173 172 171]
          [120 124 130 ... 172 171 170]
          ...
          [187 182 167 ... 202 191 170]
          [165 172 164 ... 185 141 122]
          [179 179 146 ... 197 142 141]]
```

图 3-10　灰度图存储部分输出结果

3.2.2　图片边缘填充

通过图片边缘填充的案例，同学们可以更深入理解计算机是如何处理图片的。

任务：给图片 cat 增加一个宽度为 20 像素的黑色边框。

程序如图 3-11 所示。

```
In [6]:  top_size,bottom_size,left_size,right_size = (20,20,20,20)   # 给图片上下左右各添加20像素边框
         constant = cv2.copyMakeBorder(img, top_size, bottom_size, left_size, right_size,cv2.BORDER_CONSTANT, value=0)
         # 新添加像素的像素值赋值为0（黑色），将更改后的图片赋值给变量constant

In [7]:  plt.subplot(231), plt.imshow(img, 'gray'), plt.title('ORIGINAL')   # 输出原图，标题为ORIGINAL
         plt.subplot(233), plt.imshow(constant, 'gray'), plt.title('CONSTANT')   # 输出填充后图片，标题为CONSTANT
         plt.show()   # 显示图片
```

图 3-11　图片边缘填充程序

图片处理结果如图 3-12 所示。

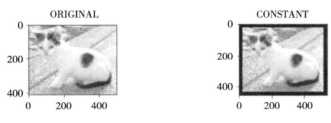

图 3-12　图片边缘填充结果

同学们思考下，如果填充宽度为 50 像素的白色边框，程序应该如何编写？

3.3　特征提取及梯度运算

通过上一节的介绍，我们知道每张图片都有大量的数据信息，例如一张分辨率为 1600×1200 的彩色图片，拥有 200 万像素，每个像素点都由 3 个 0～255 间的数值存储。其实每个像素数值提供的信息的价值度是不一样的，为了简化图像进一步处理时的运算量，我们往往要先提取出更能代表图片特征的像素点。

3.3.1　特征及特征提取

特征是某一类对象区别于其他类对象的相应（本质）特点或特性，或是这些特点和特性的集合。特征是通过测量或处理能够抽取的数据。

对于图像而言，每一幅图像都具有能够区别于其他类图像的自身特征，称为**图像特征**。如图 3-13 所示，这些特征有些是可以直观地感受到的自然特征，如亮度、边缘、角点、纹理和色彩等；有些则是需要通过变换或处理才能得到的，如矩、直方图以及主成分等。

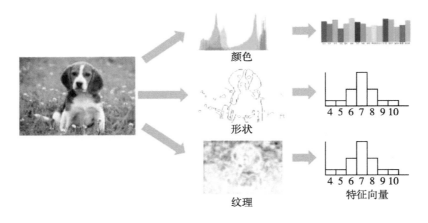

图 3-13　图像特征

特征提取是指使用计算机提取图像中属于特征性的信息的方法及过程。

3.3.2　图像梯度运算

为了减少特征提取的运算量，我们一般把图片转化成灰度图来运算，最常见的寻找图像边缘和角点的方法是图像梯度运算。

经典的图像梯度算法是考虑图像每个像素的某个邻域内灰度的变化，梯度的方向是函数 $f(x,y)$ 变化最快的方向，当图像中存在边缘时，一定有较大的梯度值，相反，当图像中有比较平滑的部分时，灰度值变化较小，相应的梯度也较小。直观的理解就是：边缘仅在水平或者仅在竖直方向有较大的变化量，而角点是在水平、竖直两个方向上变化均较大的点。

图像梯度的计算方式是利用边缘临近的一阶或二阶导数变化规律，对原始图像中像素某个邻域设置梯度算子，通常我们用小区域模板进行卷积来计算，有 Sobel 算子、Robinson 算子和 Laplace 算子等。

1. 卷积

卷积是指两个变量在某范围内相乘后求和的结果。如图 3-14 所示，在 3×3 的区域内对应数字相乘再求和：$0 \times (-1) + 0 \times (-2) + 75 \times (-1) + 0 \times 0 + 75 \times 0 + 80 \times 0 + 0 \times 1 + 75 \times 2 + 80 \times 1 = 155$。

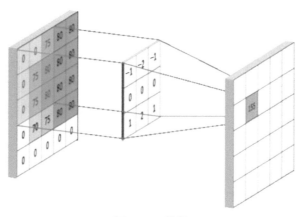

图 3-14　卷积

卷积计算是指在每个图片位置（x，y）上进行基于邻域的卷积函数计算，在横向和纵向上隔一个像素（扫描步长为 1）进行卷积运算，结果如图 3-15 所示，扫描步长可以根据需要进行设置。

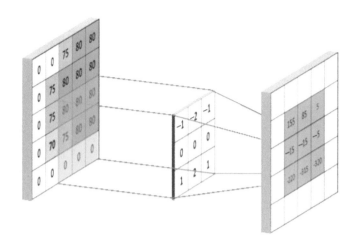

图 3-15　卷积运算结果

2. Sobel 算子

Sobel 算子主要用于图像的边缘检测。该算子包含两组 3×3 的矩阵，分别表示横向及纵向，将之和图像作卷积运算，即可分别得出横向和纵向的亮度差分近似值。我们用 A 代表原始图像值，公式如图 3-16 所示。

水平梯度

$$G_x = \begin{bmatrix} -1 & 0 & +1 \\ -2 & 0 & +2 \\ -1 & 0 & +1 \end{bmatrix} * A$$

垂直梯度

$$G_y = \begin{bmatrix} -1 & -2 & -1 \\ 0 & 0 & 0 \\ +1 & +2 & +1 \end{bmatrix} * A$$

图 3-16　Sobel 算子公式

3. 梯度运算示例

以计算 a、b、c、d 四个像素点的横向梯度值为例，如图 3-17 所示。

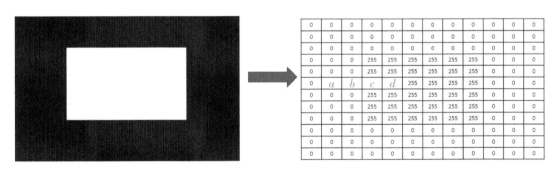

图 3-17　梯度运算示例

先计算 a 像素点的横向梯度值，以 a 点为中心，画出 3×3 像素值矩阵，那么其横向梯度值为 0，计算过程如图 3-18 所示。

$$\begin{bmatrix} -1 & 0 & +1 \\ -2 & 0 & +2 \\ -1 & 0 & +1 \end{bmatrix} \times \begin{bmatrix} 0 & 0 & 0 \\ 0 & a & 0 \\ 0 & 0 & 0 \end{bmatrix} = 0$$

图 3-18　a 像素点横向梯度计算过程

梯度值的取值范围为 0 ~ 255，小于 0 的取值为 0，大于 255 的取值为 255。参考 *a* 像素点的计算方式，*b*、*c*、*d* 像素点的横向梯度值依次为 255、255、0。

根据 *a*、*b*、*c*、*d* 4 个像素点的横向的梯度值，观察图 3-15 中各像素点的特点，我们可以得出该图所有像素点的横向的梯度值及其显示效果，如图 3-19 所示。

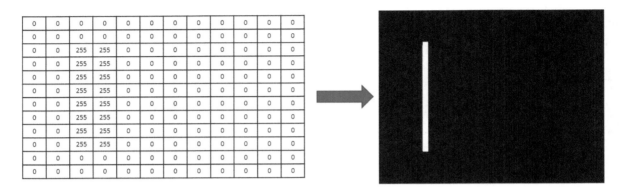

图 3-19　图像各像素点的横向梯度值及显示效果

接下来，我们通过程序来进行图像的梯度运算，看看效果是否相同。

4. 梯度运算程序

图片横向梯度值的运算程序如图 3-20 所示。

```
img = cv2.imread('fang.jpg', cv2.IMREAD_GRAYSCALE) # 将图片转换为灰度图，并将像素值赋予 img
cv2.imshow("img", img) # 显示图片
cv2.waitKey() # 按任意键图片退出
cv2.destroyAllWindows()
sobelx = cv2.Sobel(img, cv2.CV_64F, 1, 0, ksize=3) # 进行 Sobel 算子横向梯度值运算，将结果赋值给 sobelx

cv_show(sobelx, 'sobelx') # 输出 sobelx
```

图 3-20　图片横向梯度值的运算程序

运算结果如图 3-21 所示。

原图　　　　　　　　　　　　　　　　结果显示图

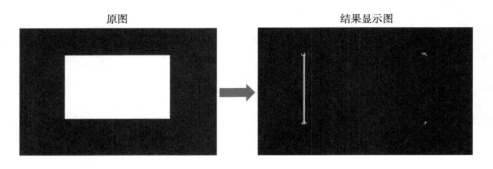

图 3-21　图片横向梯度值的运算结果显示图

白色方形右边线梯度值为负数，横向梯度值被调整为 0，但这个也是图像的边缘，因此我们对程序进行调整，让左边的边缘线也显示出来，如图 3-22 所示。

```
sobelx = cv2.Sobel(img, cv2.CV_64F, 1, 0, ksize=3)
sobelx = cv2.convertScaleAbs(sobelx) # 将 sobelx 值取绝对值后再赋值给 sobelx
cv_show(sobelx, 'sobelx')
```

图 3-22　调整后的运算程序

运算结果如图 3-23 所示。

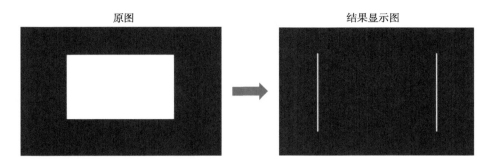

图 3-23　调整后的运算结果显示图

同样的方法，我们来编写纵向梯度的运算程序，如图 3-24 所示。

```
sobely = cv2.Sobel(img, cv2.CV_64F, 0, 1, ksize=3) # 进行Sobel算子纵向梯度值运算，将结果赋值给sobely
sobely = cv2.convertScaleAbs(sobely) # 将sobely值取绝对值后再赋值给sobely
cv_show(sobely, 'sobely')
```

图 3-24　图片纵向梯度值的运算程序

运算结果如图 3-25 所示。

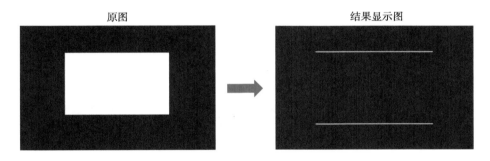

图 3-25　图片纵向梯度值的运算结果显示图

同时展示图像横向和纵向的梯度，程序如图 3-26 所示。

```
sobelxy = cv2.addWeighted(sobelx, 0.5, sobely, 0.5, 0) # sobelx, sobely都以权重为0.5求和，结果赋予sobelxy
cv_show(sobelxy, 'sobelxy')
```

图 3-26　图像横向和纵向的梯度的程序

运算结果如图 3-27 所示。

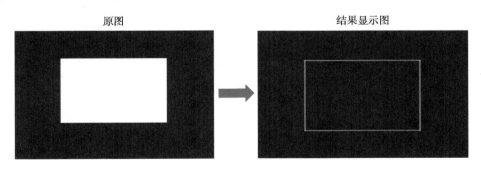

图 3-27　运算结果展示图

我们用上述程序来运算下 shanggu03 图像的梯度，程序如图 3-28 所示。

```
img = cv2.imread('shanggu03.jpg', cv2.IMREAD_GRAYSCALE) # 将图片转换为灰度图，并将像素值赋予img
sobelx = cv2.Sobel(img, cv2.CV_64F, 1, 0, ksize=3) # 进行Sobel算子横向梯度值运算，将结果赋值给sobelx
sobelx = cv2.convertScaleAbs(sobelx) # 将sobelx值取绝对值后再赋值给sobelx
sobely = cv2.Sobel(img, cv2.CV_64F, 0, 1, ksize=3) # 进行Sobel算子纵向梯度值运算，将结果赋值给sobely
sobely = cv2.convertScaleAbs(sobely) # 将sobely值取绝对值后再赋值给sobely
sobelxy = cv2.addWeighted(sobelx, 0.5, sobely, 0.5, 0) # sobelx, sobely都以权重为0.5求和，结果赋予sobelxy
cv_show(sobelxy, 'sobelxy')
```

图 3-28 梯度运算程序

运算结果如图 3-29 所示。

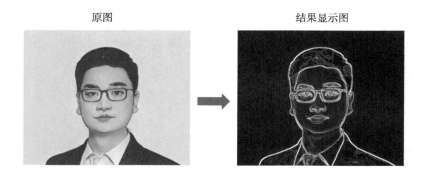

图 3-29 结果展示图

5. 常见算子及其卷积效果

一些常见算子及其卷积运算后的效果，如图 3-30 所示。

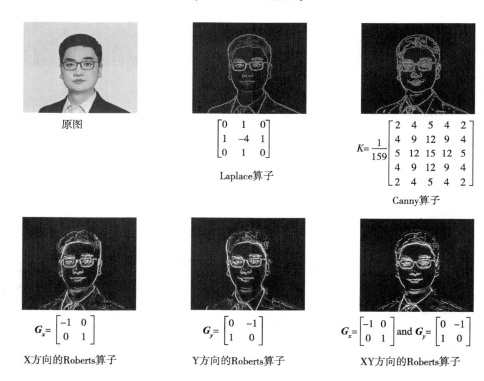

图 3-30 常见算子及其卷积效果

本章小结与评价

本章介绍了计算机视觉的主要研究方向及电子图像存储的基本知识；通过加载 OpenCV 库的 Python 程序，让同学们直观感受了计算机是如何存储、编辑图片以及进行图片的梯度运算的，并从中理解特征、算子、卷积、卷积运算等人工智能的相关核心概念。

根据自己掌握情况填写表 3-1 自评部分，小组成员相互填写互评部分。

（A. 非常棒；B. 还可以；C. 一般。在对应的等级打"√"）

表 3-1 本章评价表

评价方向	评价内容	自评			互评		
		A	B	C	A	B	C
基础知识	能描述计算机视觉的主要研究方向						
	能表述像素、分辨率、灰度图、RGB 等词的含义						
	能描述什么是卷积运算						
核心技能	能独立配置 Python 及 OpenCV 计算机环境						
	能借用课堂中提供的程序实现图片存储及添加图片边框的应用						
	能借用课堂中提供的程序实现图片的梯度运算						
学习品质	愿意和小组成员一起合作完成任务						
	主动搜集计算机视觉领域相关资料						
	尊重他人意见，乐于与老师和同学分享、讨论						

第4章

图像的基础操作

☑ 1. 能独立进行视频识别模块 PowerSensor 的软硬件连接。

☑ 2. 能够利用视频识别模块进行图片的读取。

☑ 3. 能够在图像上进行线段、方形、圆形、文字等符号标记。

4.1 视频识别模块简介

上一章我们通过加载 OpenCV 库的 Python 程序，给同学们展示了计算机是如何处理图像的。如果想要做一些基于计算机视觉的发明创造，就需要借助一些智能硬件。本书将借用开源硬件 PowerSensor 模块为同学们讲解视频识别的相关内容。

4.1.1 视频识别模块简介

PowerSensor 是一款高性能、轻巧快捷、方便易用的传感器算法开发平台，如图 4-1 所示。图上还列出了它与常用的视频识别模块 OpenMV4 的主要参数。PowerSensor 模块采用 Python 语言编写控制，借助强大的 OpenCV、dlib、zbar、ariltag 等视觉计算库，凭借 ARM A9 双核，可以轻松胜任多种常见视觉处理任务，例如：颜色追踪、目标跟踪、直线/圆检测、多边形检测、疲劳监测、帧差分、人脸检测、AprilTag 位姿反解等功能，并利用 FPGA 资源实现深度学习算法的计算加速，实现手写数字识别、石头剪刀布分类、花卉分类、口罩佩戴识别等深度学习项目。

名称	PowerSensor	OpenMV4
SOC	XC7Z020CLH400	STM32H743VIT6
CPU	32位双核Cortex-A9 767MHz	32位单核Cortex-M7 400MHz
DSP核数	220	—
FPGA资源	85K	—
高速缓存	L1 64KB,L2 512KB	L1 cache（16 KB of I-cache +16 KB of D-cache）
内存	1GB DDR3	512KB
SD卡容量	可扩展64GB	可扩展64GB
计算库	OpenCV、numpy等	—
低速接口	UART×2，I²C×2，SPI×1	UART×2，I²C×2，SPI×1
高速接口	USB 2.0，Wi-Fi，千兆网	USB 2.0
编程环境	Jupyter，Python	OPENMV IDE

图 4-1　PowerSensor 模块主要参数

4.1.2 硬件安装

首次拿到 PowerSensor 配件后，可以按照以下 6 步进行硬件安装。

第 1 步：PowerSensor 的常用硬件接口如图 4-2 所示。

第 2 步：将 TF 卡插在主板上的 TF 卡座上。

第 3 步：将 Wi-Fi 模块插在主板上的 USB 插座上。

第 4 步：将摄像头传感器板安装在主板上（镜头出厂是对好焦的，请不要动），如图 4-3 所示。

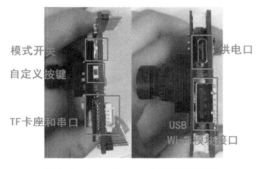

图 4-2 PowerSensor 常用硬件接口

图 4-3 安装摄像头

第 5 步：把主板上的模式开关拨到 JUPYTER 那一边，如图 4-4 所示。

图 4-4 开启 JUPYTER 模式

第 6 步：使用电源线给主板供电，然后 PowerSensor 就会启动。

正常启动时，传感器的彩灯会亮白色，启动完成时彩灯会变成蓝色，如图 4-5 所示。关于彩灯的说明，见表 4-1。

表 4-1 彩灯的说明

彩灯颜色	白色	蓝色	绿色	红色
说明	正在启动	Jupyter 模式	Offline 模式	故障

4.1.3 Wi-Fi 连接及 Jupyter 登录

图 4-5 启动彩灯变成蓝色

打开计算机 Wi-Fi，把计算机连接的 Wi-Fi 断开，连接那个名称为 PowerSensor-xxxx 的 Wi-Fi，初始密码为 12345678。

正常连接 Wi-Fi 后，打开浏览器（建议使用 Chrome、QQ 浏览器），在浏览器里面输入 192.168.8.8，正常情况会需要输入密码，默认密码为 123，然后就可以进入 PowerSensor 的编程环境。

4.1.4 软件测试

第1步：双击打开 Jupyter 页面里主目录下的 Powersensor_quickStart. ipynb 文件，如图 4-6 所示。

图 4-6 第一次开机测试

第2步：按照文件中的提示，选中第一个单元格，并单击工具栏里的"运行"按钮，如图 4-7 所示。

图 4-7 运行第一个程序

第3步：以同样的方法运行第二个程序框，可以看到实时刷新图像，如图 4-8 所示。刷新图像是非常消耗资源的，一般测试的时候需要显示，实际运行时要把图像刷新关掉，只输出最后处理的结果。

```
In [4]: for i in range(100):
    start = time.time()              # 记录开始时间
    clear_output(wait=True)          # 清除图片，在同一位置显示，不使用会打印多张图片
    imgMat = cam1.read_img_ori()     # 读入图像

    # 缩小图像为320x240尺寸
    origin = cv2.resize(imgMat, (320,240))

    ps.CommonFunction.show_img_jupyter(imgMat)  # 打印用于差分的两张图片
    end = time.time()                # 记录结束时间
    print(end - start)
    time.sleep(0.1)
```

图 4-8 测试结果

4.1.5 Wi-Fi 名称/密码修改

Wi-Fi 名称和密码的修改需要在 Jupyter 模式下进行，登入后打开主目录下的"hostapd.conf"文件，如图 4-9 所示。

图 4-9 hostapd.conf 文件

打开后可以看到如图 4-10 所示内容，程序里除了 Wi-Fi 名称和 Wi-Fi 密码外，其他设置请不要修改。

图 4-10 修改 Wi-Fi 名称及密码

修改后请断电 10 s 再启动，重启后需要用新的名称和密码来连接 PowerSensor。

47

4.2 Jupyter 常见操作及图像读取

4.2.1 新建文件

Jupyter 日常运行的程序文件是 IPython 文件，在首页下单击"New"按钮可以在当前目录下新建文件，如图 4-11 所示。

图 4-11 新建 IPython 文件

4.2.2 程序运行控制

新建或者打开已有的 IPython 文件后可以看到如图 4-12 所示页面。首先我们来看工具栏的功能。

图 4-12 程序运行控制

1. 运行按钮

选中一个单元格后，单击"运行"按钮可以运行这个单元格，单元格运行时，左边"[ ]"中会出现"＊"，等它变成数字时代表运行结束。

2. 停止按钮

单击停止按钮可以停止正在运行的单元格，由于 Python 的结构比较复杂，停止单元格不是立即完成的，等左边"［］"中的"＊"变成数字代表已经成功停止了。

3. 重启内核按钮

任何时候都可以单击重启内核按钮重启内核，这个操作会删除内存中所有已经定义的变量函数，重启后，库也要重新引用。这个操作一般在感觉 Jupyter 死机或者运行严重报错的时候使用。

4. 保存按钮

单击保存按钮可以保存当前的 Jupyter 文件，包括里面的代码和实验结果。

4.2.3 单元格的操作

IPython 文件是由一个个单元格组成，每个单元格可以看作一段代码，单元格有很多种模式，常用的有两种，即 markdown 和 code。markdown 一般用来写注释内容，它是文本类型，可以插入图片公式等。code 模式就是用来写 python 代码的。模式可以通过工具栏上右侧的下拉下单来选择（代码/markdown）。

IPython 文件的单元格常有以下操作，如图 4-13 所示。

1）复制/粘贴/删除单元格，常用操作。

2）拆分单元格，把光标定在一个单元格的某处，单击此按钮即可把这个单元格拆成两个。

3）合并单元格，把当前单元格与上方或者下方单元格合并。

4）移动单元格，向上或向下移动单元格。

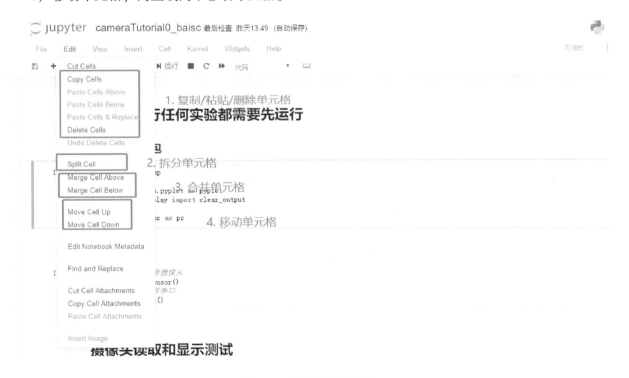

图 4-13 单元格常用操作

4.2.4 本地图片读取

在图像处理过程中，有时我们需要用一些本地的静态的图片做测试，使用 OpenCV 来读取本地的图片是一个必备的技能。

1. 函数介绍

OpenCV 的图片读取函数是 cv2. imread( )，函数格式及参数介绍如图 4-14 所示。

```
cv2.imread(filename[, flags]) → retval
 • –filename，必须，是图片的路径+文件名；
 • –flags,可选,读取方式,可以是CV_LOAD_IMAGE_GRAYSCALE,
   CV_LOAD_IMAGE_ANYDEPTH, CV_LOAD_IMAGE_COLOR中的一个；
 • 其中CV_LOAD_IMAGE_GRAYSCALE是灰度图(二维),CV_LOAD_IMAGE_COLOR的是彩色图
   (三维),CV_LOAD_IMAGE_COLOR用来读高清图
 • –retval, 返回值是读取到的图像,是一个数组,可以使用numpy的函数来操作它
```

图 4-14　图片读取函数格式及参数介绍

cv2. imread( )支持的图片格式有：

- Windows 位图：*. bmp，*. dib（always supported）。
- JPEG 文件：*. jpeg，*. jpg，*. jpe，*. jfif。
- JPEG 2000 文件：*. jp2。
- 便携式网络图像格式（Portable Network Graphics）：*. png。
- web 图像：*. webp。
- 便携式图像格式（Portable image format）：*. pbm，*. pgm，*. ppm。
- 光栅文件（Sun rasters）：*. sr，*. ras。
- TIFF 文件：*. tiff，*. tif。

注：cv2. imread( ) 根据图片的扩展名来选择读取的方式。

2. 程序案例

读取本地图片时需要先通过 Jupyter 将要读取的图片上传到 PowerSensor 对应的目录里，读取图片的程序及效果如图 4-15 所示。

```
In  [3]:  img = cv2.imread("./cat.jpg")  # 读取根目录下cat.jpg这张图片
          smallImg = cv2.resize(img, (320, 240))  # 将图片尺寸缩放为320×240
          ps.CommonFunction.show_img_jupyter(smallImg)  # 显示图片
```

图 4-15　读取图片的程序及效果

4.2.5 通过摄像头读取及显示图片

通过摄像头读取及显示图片，也是视频识别中最常见的应用，具体的实现方式如图4-16及图4-17所示。

```
In [1]: import cv2                                    # 导入OpenCV计算机视觉库
        import numpy as np                            # 导入开源的科学计算库
        import matplotlib.pyplot as plt               # 导入2D绘图库（x, y轴）
        from IPython.display import clear_output      # 导入图片显示库
        import time                                   # 导入时间模块
        import PowerSensor as ps                       # 导入PowerSensor视频识别模块

In [2]: cam1 = ps.ImageSensor()                       # 初始化摄像头
```

图4-16 导入库及初始化摄像头

```
In [3]: for i in range(50):                           # 循环50次
            start = time.time()                       # 记录开始时间
            clear_output(wait=True)                   # 清除图片，不运行这行代码，在同一位置会显示多张图片
            imgMat = cam1.read_img_ori()              # 读入图像
            tempImg = cv2.resize(imgMat, (320,240))   # 缩小图像尺寸为320×240
            end = time.time()  # 记录结束时间
            ps.CommonFunction.show_img_jupyter(tempImg)  # 显示图片
            print(end - start)  # 显示间隔时间
            time.sleep(0.1)  # 暂停0.1秒
```

0.0154409408569

图4-17 通过摄像头读取及显示图像

应用中如果需要使用摄像头，都需要先对摄像头进行初始化。

如图4-17所示，每一次循环即每刷新一次图片需要0.015 s，同学们可以计算下1 s可以刷新几次图片。根据上述程序，每刷新一次，摄像头需要暂停0.1 s，这个程序运行完，大概需要多少秒?

4.3 图像标记

在图像处理的调试过程中，经常需要把检测到的区域框出来，或者在图片上标注类型等信息，

例如在用智能手机拍照时，人的脸部经常会被框起来，这就是在图片上做标记。OpenCV 库中提供了大量的绘图函数，比较常用的有画线、矩形、圆圈、椭圆、多边形、文本等，下面我们将进行逐个介绍。

4.3.1 静态标记

1. 标记直线

（1）函数介绍

OpenCV 库中标记直线的函数是 cv2. line( )，函数格式如下：

cv2. line（img, pt1, pt2, color [, thickness [, lineType [, shift]]]）

- img：要在其上绘制直线的图像。
- pt1：直线起点坐标。
- pt2：直线终点坐标。
- color：当前绘画的颜色。如在 BGR 模式下，传递（255，0，0）表示蓝色画笔。灰度图下，只需要传递亮度值即可。
- thickness：画笔的粗细，即线宽。若是 -1，表示画封闭图像。默认值是 1。
- lineType：线条的类型，如 8-connected 类型、anti-aliased 线条（反锯齿），默认情况下是 8-connected样式。
- shift：这是一个可选参数。它表示中心坐标中的小数位数和轴的值。

（2）程序案例（见图 4-18）

```
In [7]: for i in range(50):                      # 循环50次
            start = time.time()                  # 记录开始时间
            clear_output(wait=True)              # 清除图片，在同一位置显示，不使用会打印多张图片
            imgMat = cam1.read_img_ori()         # 读入图像
            tempImg = cv2.resize(imgMat, (320,240))  # 缩小图像尺寸为320×240
            cv2.line(tempImg, (10,100), (200,200), (0,255,0), 3)  # 1. 在tempImg图像上画线，从坐标(10,10)到(200,200)，绿色，3个像素宽度
            end = time.time()                    # 记录结束时间
            ps.CommonFunction.show_img_jupyter(tempImg)  # 显示图片
            print(end - start)                   # 显示间隔时间
            time.sleep(0.1)                      # 暂停0.1秒
```

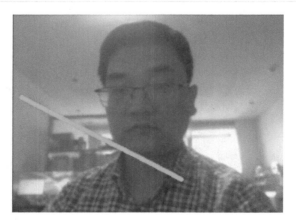

0.0154678821564

图 4-18　标记直线案例

2. 标记矩形

（1）函数介绍

OpenCV 库中标记矩形的函数是 cv2. rectangle（），函数格式如下：

cv2. rectangle（img, start_point, end_point, color, thickness）

- img：要在其上绘制矩形的图像。
- start_point：它是矩形的起始坐标。坐标表示为两个值的元组，即（X 坐标值，Y 坐标值）。
- end_point：它是矩形的结束坐标。坐标表示为两个值的元组，即（X 坐标值，Y 坐标值）。
- color：它是要绘制的矩形的边界线的颜色。对于 BGR 模式，我们通过一个元组表示，例如，（255，0，0）为蓝色。
- thickness：它是矩形边框线的粗细，单位为像素。若是 −1，表示将以指定的颜色填充矩形形状。

（2）程序案例（见图 4-19）

```
In [8]:  for i in range(50):              # 循环50次
             start = time.time()          # 记录开始时间
             clear_output(wait=True)      # 清除图片，在同一位置显示，不使用会打印多张图片
             imgMat = caml.read_img_ori()  # 读入图像
             tempImg = cv2.resize(imgMat, (320,240))  # 缩小图像尺寸为320×240
             cv2.rectangle(tempImg, (100,200), (300,230), (255,0,0), 7)
             # 在tempImg图像上画矩形，(100,200)为左上顶点，(300,230)为右下顶点，蓝色，7个像素宽度
             end = time.time()  # 记录结束时间
             ps.CommonFunction.show_img_jupyter(tempImg)  # 显示图片
             print(end - start)  # 显示间隔时间
             time.sleep(0.1)  # 暂停0.1秒
```

0.0154819488525

图 4-19 标记矩形案例

3. 标记多边形

（1）函数介绍

OpenCV 中标记多边形的函数是 cv2. polylines（），函数格式如下：

cv2. polylines（img, pts, isClosed, color［, thickness［, lineType［, shift］］］）

- img：要在其上绘制多边形的图像。
- pts：包含多边形上点的数组。

- isClosed：标志，决定所绘制的多边形是否闭合。若为 True ，则画若干个闭合多边形；若为 False ，则画一条连接所有点的折线。
- color：多边形颜色。
- thickness：多边形线的粗细。
- lineType：多边形线的类型。
- shift：这是一个可选参数。它表示中心坐标中的小数位数和轴的值。

（2）程序案例（见图4-20）

```
In [11]:  for i in range(50):              # 循环50次
              start = time.time()            # 记录开始时间
              clear_output(wait=True)        # 清除图片，在同一位置显示，不使用会打印多张图片
              imgMat = cam1.read_img_ori()       # 读入图像
              tempImg = cv2.resize(imgMat, (320, 240))   # 缩小图像尺寸为320×240
              pts=np.array([[10,3],[60,3],[48,19],[98,19]],np.int32)  # 数据类型必须是int32
              pts=pts.reshape((-1,1,2))
              # 这里 reshape 的第一个参数为-1，表明这一维的长度是根据后面的维度的计算出来的
              cv2.polylines(tempImg, [pts], True, (0,0,255), 1)  # 图像，点集，是否闭合，颜色，线条粗细
                        # 如果第三个参数是 False，我们得到的多边形是不闭合的（首尾不相连）
              end = time.time()  # 记录结束时间
              ps.CommonFunction.show_img_jupyter(tempImg)  # 显示图片
              print(end - start)  # 显示间隔时间
              time.sleep(0.1)  # 暂停0.1秒
```

0.0160009860992

图4-20 标记多边形案例

4. 标记圆

（1）函数介绍

OpenCV 中标记圆的函数是 cv2.circle()，函数格式如下：

cv2.circle（image, center_coordinates, radius, color, thickness）

- image：要在其上绘制圆的图像。
- center_coordinates：圆心坐标。坐标表示为两个值的元组，即（X坐标值，Y坐标值）。
- radius：圆的半径。
- color：要绘制的圆的边界线的颜色。对于 BGR 模式，我们通过一个元组表示，例如，（255，

0, 0) 为蓝色。

- thickness：圆边界线的粗细，单位为像素。若是 –1，表示将以指定的颜色填充矩形形状。

（2） 程序案例（见图 4-21）

```
In [14]:  for i in range(50):              # 循环50次
             start = time.time()           # 记录开始时间
             clear_output(wait=True)       # 清除图片，在同一位置显示，不使用会打印多张图片
             imgMat = cam1.read_img_ori()  # 读入图像
             tempImg = cv2.resize(imgMat, (320,240))  # 缩小图像尺寸为320×240
             cv2.circle(tempImg, (160, 200), 40, (0, 0, 255), -1)
             # 在tempImg图像上画圆，圆心坐标为(160, 200)，半径为40，红色，实心填充
             end = time.time()  # 记录结束时间
             ps.CommonFunction.show_img_jupyter(tempImg)  # 显示图片
             print(end - start)  # 显示间隔时间
             time.sleep(0.1)  # 暂停0.1秒
```

0.0154540538788

图 4-21 标记圆案例

5. 标记椭圆

（1） 函数介绍

OpenCV 库中标记椭圆的函数是 cv2.ellipse( )，函数格式如下：

cv2.ellipse（img, centerCoordinates, axesLength, angle, startAngle, endAngle, color［, thickness ［, lineType ［, shift］］］）

- img：要在其上绘制椭圆的图像。
- centerCoordinates：椭圆的中心坐标。坐标表示为两个值的元组，即（X 坐标值，Y 坐标值）。
- axesLength：它包含两个变量的元组，分别包含椭圆的长轴和短轴，即（长轴长度，短轴长度）。
- angle：椭圆旋转角度，以度（°）为单位。
- startAngle：椭圆弧的起始角度，以度（°）为单位。
- endAngle：椭圆弧的终止角度，以度（°）为单位。
- color：要绘制的形状边界线的颜色。对于 BGR 模式，我们通过一个元组表示，例如，（255，0，0）为蓝色。
- thickness：是形状边界线的粗细，单位为像素。若是 –1，表示将用指定的颜色填充形状。

- lineType：这是一个可选参数，它给出了椭圆边界的类型。
- shift：这是一个可选参数。它表示中心坐标中的小数位数和轴的值。

（2）程序案例（见图 4-22）

In [10]:
```
for i in range(50):              # 循环50次
    start = time.time()          # 记录开始时间
    clear_output(wait=True)      # 清除图片，在同一位置显示，不使用会打印多张图片
    imgMat = cam1.read_img_ori() # 读入图像
    tempImg = cv2.resize(imgMat, (320,240))  # 缩小图像尺寸为320×240
    cv2.ellipse(tempImg, (160,120), (100,50), 0, 0, 360, (255,0,0), 2)
    # 椭圆沿逆时针选择角度，椭圆沿顺时针方向起始角度和结束角度
    end = time.time()  # 记录结束时间
    ps.CommonFunction.show_img_jupyter(tempImg)  # 显示图片
    print(end - start)  # 显示间隔时间
    time.sleep(0.1)  # 暂停0.1秒
```

0.0165708065033

图 4-22　标记椭圆案例

6. 标注文字

（1）函数介绍

OpenCV 中标注文字的函数是 cv2.putText()，函数介绍如下：

cv2.putText（img, text, org, fontFace, fontScale, color, thickness）

- img：要在其上标注文字的图像。
- text：显示的文本内容（字符串）。
- org：文本显示在图片上最左上角点的位置坐标。
- fontFace：字体类型。
- fontScale：字体大小。
- color：文字颜色。
- thickness：字体粗细，数值表示占几个像素。

（2）程序案例（见图4-23）

```
In [12]:  for i in range(50):            # 循环50次
              start = time.time()         # 记录开始时间
              clear_output(wait=True)     # 清除图片，在同一位置显示，不使用会打印多张图片
              imgMat = cam1.read_img_ori()      # 读入图像
              tempImg = cv2.resize(imgMat, (320, 240))    # 缩小图像尺寸为320×240
              font=cv2.FONT_HERSHEY_SIMPLEX
              cv2.putText(tempImg,'OpenCV',(110,60), font, 1,(255,255,255),2)
          # 6. 添加文字，参数：绘制的文字，位置，字型，字体大小，文字颜色，线型
              end = time.time()  # 记录结束时间
              ps.CommonFunction.show_img_jupyter(tempImg)  # 显示图片
              print(end - start)  # 显示间隔时间
              time.sleep(0.1)  # 暂停0.1秒
```

0.0160489082336

图4-23　标注文字案例

4.3.2　动态标记

同学们可以尝试借助for循环，设计动态的标记，如图4-24所示。

```
In [15]:  x=0                             # 定义x坐标变量
          y=0                             # 定义y坐标变量
          for i in range(51):             # 循环50次
              start = time.time()         # 记录开始时间
              clear_output(wait=True)     # 清除图片，在同一位置显示，不使用会打印多张图片
              imgMat = cam1.read_img_ori()      # 读入图像
              tempImg = cv2.resize(imgMat, (320, 240))    # 缩小图像尺寸为320×240
              cv2.line(tempImg,(0,0),(x,y),(0,255,0),3)
          # 在tempImg图像上画线，从（0,0）到（x,y）坐标，绿色，3个像素宽度
              x=x+16                      # 每次循环，x数值加16
              y=y+12                      # 每次循环，y数值加12

              end = time.time()  # 记录结束时间
              ps.CommonFunction.show_img_jupyter(tempImg)  # 显示图片
              print(end - start)  # 显示间隔时间
              time.sleep(0.1)  # 暂停0.1秒
```

图4-24　动态标记直线案例

0. 0210161209106

图 4-24　动态标记直线案例（续）

二维码识别

二维码是日常生活中非常常见的，二维码识别是一种很有用、很高效的通信和认证的手段。

本课程主要使用 zbar 库识别通用的二维码。很多网站都有提供二维码生成功能，本课程实验的二维码是在 https：//cli. im/ 上生成的。

进行二维码识别主要通过以下步骤。图 4-25 从左到右分别是原图、滤波后的图像、二值化后的图像。

第 1 步：把图片转换成灰度图。

第 2 步：对图片进行滤波和二值化。

第 3 步：识别二维码。

第 4 步：输出结果。

图 4-25　原图、滤波后的图像、二值化后的图像

注：对应程序请下载本书配套资源。

本章小结与评价

本章主要介绍了视频识别模块 PowerSensor 的连接方式，以及如何利用识别模块进行图像的读取、基本标记和动态标记。通过本章的学习，同学们对视频识别的学习有了更深的了解，为进一步学习人工智能领域相关知识打下良好基础。

根据自己掌握情况填写表 4-2 自评部分，小组成员相互填写互评部分。

（A. 非常棒；B. 还可以；C. 一般。在对应的等级打"√"）

表 4-2　本章评价表

评价方向	评价内容	自评			互评		
		A	B	C	A	B	C
基础知识	能独立完成视频识别模块的连接						
	能够利用视频识别模块进行图片的读取						
	能够在图像上进行基本标记和动态标记						
学习品质	对人工智能有浓厚兴趣						
	主动搜集人工智能领域相关资料						
	尊重他人意见，乐于与老师和同学分享、讨论						

第 5 章

人脸检测及追踪

☑ 1. 能独立完成人脸检测、人眼检测等的程序编辑，并了解其实现原理。

☑ 2. 能独立完成兔耳朵跟踪特效的程序编辑。

☑ 3. 能独立完成人脸追踪云台的硬件搭建及程序编辑。

5.1 人脸检测实践

5.1.1 人脸检测概念

人脸检测是指对于任意一幅给定的图像，采用一定的策略对其进行搜索以确定其中是否含有人脸，如果是，则返回人脸的位置、大小和姿态。

人脸检测作为人脸识别系统中的一个关键环节，在当前的生活中已经得到广泛应用。同学们在用智能手机拍照时，有没有发现人的脸部会用方框标记出来？非接触多人体温检测仪，也会用方框标记行人的脸部，并在上面显示体温数据等。

5.1.2 案例实践

1. 函数介绍

通常我们使用 Haar Cascade 算子和 detectMultiScale 函数来实现人脸检测。

（1）Haar Cascade 算子

Haar Cascade 算子是一系列用来确定一个对象是否存在于图像中的对比检查。Haar Cascade 算子是通过大量标有正负的图像进行训练生成的。例如，用数百张含有猫（已被标记为内含猫）的图片和数百张不含有猫形物的图片（已做出不同标记）来训练这个生成算法。这个生成算法最后会产生一个用来检测猫的 Haar Cascade 算子。

Haar Cascade 算子常常通过加载"frontalface"来检测人脸，或加载"eye"来检测眼睛，或者训练其他模型来做对应的检测。当前已经有很多训练好的分类器，如图 5-1 所示，同学们可以直接下载使用。

1.	haarcascade_eye.xml	12.	haarcascade_mcs_leftear.xml
2.	haarcascade_eye_tree_eyeglasses.xml	13.	haarcascade_mcs_lefteye.xml
3.	haarcascade_frontalface_alt.xml	14.	haarcascade_mcs_mouth.xml
4.	haarcascade_frontalface_alt_tree.xml	15.	haarcascade_mcs_nose.xml
5.	haarcascade_frontalface_alt2.xml	16.	haarcascade_mcs_rightear.xml
6.	haarcascade_frontalface_default.xml	17.	haarcascade_mcs_righteye.xml
7.	haarcascade_fullbody.xml	18.	haarcascade_mcs_upperbody.xml
8.	haarcascade_lefteye_2splits.xml	19.	haarcascade_profileface.xml
9.	haarcascade_lowerbody.xml	20.	haarcascade_righteye_2splits.xml
10.	haarcascade_mcs_eyepair_big.xml	21.	haarcascade_smile.xml
11.	haarcascade_mcs_eyepair_small.xml	22.	haarcascade_upperbody.xml

图 5-1　Haar Cascade 分类器

（2）detectMultiScale 函数

detectMultiScale 函数可以检测出图片中所有的人脸，并将检测到的各个人脸的起始点坐标、大小的数据用列表形式存储。函数由分类器对象调用。函数格式如下：

detectMultiScale（image［, scaleFactor［, minNeighbors［, flags［, minSize［, maxSize］］］］］）-> objects

- image，待检测图片，一般为灰度图像加快检测速度。
- objects，被检测物体的矩形框向量组。
- scaleFactor，表示在前后两次相继的扫描中，搜索窗口的比例系数。默认为 1.1，即每次搜索窗口依次扩大 10%。
- minNeighbors，表示构成检测目标的相邻矩形的最小个数（默认为 3 个）。如果组成检测目标的小矩形的个数和小于 min_neighbors − 1，都会被排除。如果 min_neighbors 为 0，则函数不做任何操作，就返回所有的被检候选矩形框，这种设定值一般用在用户自定义对检测结果的组合程序上。
- flags，要么使用默认值，要么使用 CV_HAAR_DO_CANNY_PRUNING，如果设置为 CV_HAAR_DO_CANNY_PRUNING，那么函数将会使用 Canny 边缘检测来排除边缘过多或过少的区域，因此这些区域通常不会是人脸所在区域。
- minSize 和 maxSize，用来限制得到的目标区域的范围。

2. 程序案例

下面我们借助 PowerSensor 模块来进行人脸检测，首先通过 Jupyter 将人脸检测程序及 Haar Cascade 分类器文件上传到 PowerSensor 对应的目录里，如图 5-2 所示。

图 5-2　上传检测所需的程序文件

打开人脸检测程序，依次运行如图5-3及图5-4所示的程序。

```
In [1]: import cv2                                    # 导入OpenCV计算机视觉库
        import numpy as np                            # 导入开源的科学计算库
        import matplotlib.pyplot as plt               # 导入2D绘图库（x, y轴）
        from IPython.display import clear_output       # 导入图片显示库
        import time                                   # 导入时间模块
        import PowerSensor as ps                       # 导入PowerSensor视频识别模块

In [2]: cam1 = ps.ImageSensor()                        # 初始化摄像头
```

图5-3　导入库文件及初始化摄像头程序

```
In [3]: classifier=cv2.CascadeClassifier("haarcascade_frontalface_alt.xml")
        #加载分类。注意分类器文件（.xml文件）需要与人脸检测程序文件在同一个文件夹下

        for i in range(50):                # 循环50次
            start = time.time()             # 记录开始时间
            clear_output(wait=True)         # 清除图片，在同一位置显示，不使用会打印多张图片
            imgMat = cam1.read_img_ori()    # 读入图像

            tempImg = cv2.resize(imgMat, (320,240))  # 缩小图像尺寸为320×240

            image=cv2.cvtColor(tempImg, cv2.COLOR_BGR2GRAY)  # 将BGR彩色图转换为灰度图
            cv2.equalizeHist(image)          # 将图片均衡化

            faceRects=classifier.detectMultiScale(image, 1.1, 2, cv2.CASCADE_SCALE_IMAGE)
            # 使用detectMultiScale函数进行人脸检测
            if len(faceRects)>0:            # 如果检测到人脸
                for faceRect in faceRects:
                    x, y, w, h=faceRect      # 将检测到的人脸左上角坐标、宽度、高度四个值分别赋值给x, y, w, h四个变量
                    cv2.rectangle(tempImg, (x, y), (x+w, y+h), (0, 255, 0), 2)      # 将检测到的人脸用绿色方框标记
                    cv2.circle(tempImg, (x+w/2, y+h/2), min(w/2, h/2), (0, 0, 255), 2)  # 将检测到的人脸用红色圆形标记

            end = time.time()               # 记录结束时间
            ps.CommonFunction.show_img_jupyter(tempImg)  # 显示图片
            print(end - start)              # 显示间隔时间
            time.sleep(0.1)                 # 暂停0.1秒
```

图5-4　人脸检测程序

程序运行效果如图5-5所示。

0.367970943451

图5-5　人脸检测程序运行结果

如果我们在图 5-4 所示的程序中选择加载检测眼睛的分类器，如图 5-6 所示。

```
In [11]: classifier=cv2.CascadeClassifier("haarcascade_eye.xml")
         #加载分类；注意分类器文件（.xml文件）需要与眼睛检测程序文件在同一个文件夹下

         for i in range(50):              # 循环50次
             start = time.time()          # 记录开始时间
             clear_output(wait=True)      # 清除图片，在同一位置显示，不使用会打印多张图片
             imgMat = cam1.read_img_ori() # 读入图像

             tempImg = cv2.resize(imgMat, (320,240))  # 缩小图像尺寸为320×240

             image=cv2.cvtColor(tempImg,cv2.COLOR_BGR2GRAY) # 将BGR彩色图转换为灰度图
             cv2.equalizeHist(image)      # 将图片均衡化

             faceRects=classifier.detectMultiScale(image,1.1,2,cv2.CASCADE_SCALE_IMAGE)
             # 使用detectMultiScale函数进行眼睛检测
             if len(faceRects)>0:         # 如果检测到眼睛
                 for faceRect in faceRects:
                     x,y,w,h=faceRect     # 将检测到的眼睛左上角坐标、宽度、高度四个值分别赋值给x,y,w,h四个变量

                     cv2.circle(tempImg,(x+w/2,y+h/2),min(w/2,h/2),(0,0,255),2) # 将检测到的眼睛用红色圆形标记

             end = time.time()            # 记录结束时间
             ps.CommonFunction.show_img_jupyter(tempImg) # 显示图片
             print(end - start)           # 显示间隔时间
             time.sleep(0.1)              # 暂停0.1秒
```

图 5-6　眼睛检测程序

程序运行效果如图 5-7 所示。

0.263839960098

图 5-7　眼睛检测程序运行结果

感兴趣的同学可以加载检测猫脸分类器 haarcascade_frontalcatface.xml，试试猫脸检测的效果。

5.2　人脸追踪动画特效

视频直播是当前新兴的行业，主播们为了增加直播的互动性，经常会在人脸上加入一些动画特效，这些特效是如何实现的呢？

下面我们以兔耳朵动画特效为例，为大家讲解程序实现的原理。

5.2.1　在图片上加载图片

在图片上加载图片的 Python 程序有很多种，这里我们介绍一种利用一行程序代码实现将兔耳朵

图片加载到 shanggu03 图片（30，0）坐标位置上，程序如图 5-8 所示。

```
In  [3]:  img = cv2.imread("./兔耳朵.png")              # 将兔耳朵图片赋值给函数img
          smallImg = cv2.resize(img, (120, 40))        # 缩小图像尺寸为120×40
          tempImg =  cv2.imread("./shanggu03.jpg")      # 将shanggu03图片赋值给函数tempImg

          tempImg[0:40, 30:150] = smallImg
          # 将兔耳朵图片加载在shanggu03图片（30，0）坐标位置上，
          # （注意X，Y轴坐标位置是反向的，且X，Y轴像素差值与图片像素大小一致）

          ps.CommonFunction.show_img_jupyter(tempImg)   # 显示图片
```

图 5-8   在图片上加载图片

注意： 在代码 tempImg［0：40，30：150］= smallImg 中，X、Y 轴坐标位置是反向的，且 X、Y 轴像素差值与图片像素大小一致，即 0：40 代表 Y 轴，像素为 40；30：150 代表 X 轴，像素为 120，与缩小尺寸后兔耳朵（120，40）大小一致。

程序运行效果如图 5-9 所示。同学可以尝试在其他位置上加载图片。

图 5-9   在图片上加载图片程序运行结果

5.2.2　在视频中加载图片

将加载图片的程序代码添加到摄像头视频读取的程序中就可以实现，如图 5-10 所示，在视频左上角（30，10）坐标位置处加载了兔耳朵图片。

```
In  [6]:  img = cv2.imread("./兔耳朵.png")              # 将兔耳朵图片赋值给函数img
          smallImg = cv2.resize(img, (120, 40))        # 缩小图像尺寸为120×40
          for i in range(50):                          # 循环50次
              start = time.time()                      # 记录开始时间
              clear_output(wait=True)                  # 清除图片，在同一位置显示，不使用会打印多张图片
              imgMat = cam1.read_img_ori()             # 读入图像

              tempImg = cv2.resize(imgMat, (320,240))  # 缩小图像尺寸为320×240

              tempImg[10:50, 30:150] = smallImg
          # 将兔耳朵图片加载在视频图像（30，10）坐标位置上
          # （注意X，Y轴坐标位置是反向的，且X，Y轴像素差值与图片像素大小一致）

              end = time.time()                        # 记录结束时间
              ps.CommonFunction.show_img_jupyter(tempImg) # 显示图片
              print(end - start)                       # 显示间隔时间
              time.sleep(0.1)                          # 暂停0.1秒
```

图 5-10   在视频中加载图片的程序

程序运行效果如图 5-11 所示。同学可以尝试在其他位置上加载图片。

0.0150170326233

图 5-11 在视频中加载图片程序运行结果

5.2.3 人脸追踪特效

5.1.2 节内容中，我们提到通过 detectMultiScale 函数检测人脸，可以获取检测到人脸左上角位置的坐标 (x, y)，然后将变量 x, y 的值代入代码 tempImg $[y-20：y+20, x：x+120]$ = smallImg，可以动态调整兔耳朵的位置，实现追踪人脸的效果，完整程序如图 5-12 所示。

```
In [13]:  img = cv2.imread("./兔耳朵.png")        # 将兔耳朵图片赋值给函数img
          smallImg = cv2.resize(img, (120, 40))    # 缩小图像尺寸为120×40
          classifier=cv2.CascadeClassifier("haarcascade_frontalface_alt.xml")
          #加载分类。注意分类器文件（.xml文件）需要与人脸检测程序文件在同一个文件夹下

          for i in range(50):             # 循环50次
              start = time.time()         # 记录开始时间
              clear_output(wait=True)     # 清除图片，在同一位置显示，不使用会打印多张图片
              imgMat = caml.read_img_ori()   # 读入图像
              tempImg = cv2.resize(imgMat, (320, 240))  # 缩小图像尺寸为320×240
              image=cv2.cvtColor(tempImg, cv2.COLOR_BGR2GRAY)  # 将BGR彩色图转换为灰度图
              cv2.equalizeHist(image)     # 将图片均衡化

              faceRects=classifier.detectMultiScale(image, 1.1, 2, cv2.CASCADE_SCALE_IMAGE)
              # 使用detectMultiScale函数进行人脸检测
              if len(faceRects)>0:        # 如果检测到人脸
                  for faceRect in faceRects:
                      x, y, w, h=faceRect  # 将检测到的人脸左上角坐标、宽度、高度四个值分别赋值给x, y, w, h四个变量
                      cv2.rectangle(tempImg, (x,y), (x+w, y+h), (0, 255, 0), 2)   # 将检测到的人脸用绿色方形标记

                      tempImg[y-20:y+20, x:x+120] = smallImg
                      # 根据人脸左上角坐标(x, y)的值，动态调整兔耳朵的位置，实现追踪人脸的效果

              end = time.time()           # 记录结束时间
              ps.CommonFunction.show_img_jupyter(tempImg)  # 显示图片
              print(end - start)          # 显示间隔时间
              time.sleep(0.1)             # 暂停0.1秒
```

图 5-12 人脸追踪特效程序

程序运行效果如图 5-13 所示。同学可以晃动下人脸，看看是否能实现人脸追踪的特效。另外，同学们需要注意，如果兔耳朵的位置移动到视频以外，程序就会报错。

0.352662801743

图 5-13　人脸追踪特效程序运行结果

现在我们通过动态改变兔耳朵的位置实现了人脸追踪的特效，但如果想达到直播互动中的动画特效，还需要根据人脸部的大小，动态改变兔耳朵的大小，另外还需要通过遮罩等技巧将兔耳朵的白底去掉，感兴趣的同学可以查找相关资料，尝试着继续优化下本案例。

5.3　人脸追踪云台设计

当前市面上有一些机器人的头部可以自动跟随人脸转动，让沟通更舒适，同时也让机器人显得更人性化。还有一些数码相机也配置了人脸追踪云台，来大大提升拍照及视频录制的效果。那么，人脸追踪的效果是如何实现的？接下来，本书将带领同学们动手设计一款简易的人脸追踪云台。

5.3.1　舵机的选择

人脸追踪云台一般由两个舵机控制，一个舵机控制云台的水平左右旋转，一个舵机实现云台的垂直上下旋转，两个舵机相互配合让云台具备自动跟随人脸转动的功能。因此，想要设计人脸追踪云台，首先要掌握如何控制舵机的旋转。本书使用的是 MG995 金属模拟电动机，具体参数如图 5-14 所示。

产品型号：MG995
产品质量：55 g
工作转矩：13 kg/cm
反应转速：53~62 r/min
使用温度：−30~+60 ℃
插头类型：JR、FUTABA通用
转动角度：最大180°
舵机类型：模拟舵机
工作电流：100 mA
使用电压：3~7.2 V
结构材质：金属铜齿、空心杯电动机、双滚珠轴承、无负载
旋转速度：60°/0.17 s（4.8 V）；60°/0.13 s（6.0 V）

图 5-14　MG995 金属模拟电动机参数简介

5.3.2 舵机的控制原理

舵机的伺服系统由可变宽度的脉冲来进行控制，控制线是用来传送脉冲的。脉冲的参数有最小值、最大值和频率。一般而言，舵机的基准信号都是周期为 20 ms，宽度为 1.5 ms。这个基准信号定义的位置为中间位置。舵机有最大转动角度，中间位置的定义就是从这个位置到最大角度与最小角度的量完全一样。最重要的一点是，不同舵机的最大转动角度可能不相同，但是其中间位置的脉冲宽度是一定的，那就是 1.5 ms，如图 5-15 所示。

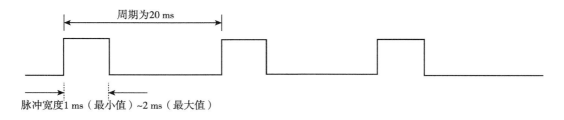

图 5-15 脉冲信号

舵机的旋转角度是由来自控制线的持续的脉冲所产生。这种控制方法叫作脉冲宽度调制（PWM）。脉冲的长短决定舵机转动多大角度。例如：1.5 ms 脉冲会到转动到中间位置（对于 180°舵机来说，就是 90°位置）。当控制系统发出指令，让舵机移动到某一位置，并保持这个角度，这时外力的影响不会让舵机角度产生变化，但是这个是有上限的，上限就是它的最大扭力。除非控制系统不停地发出脉冲稳定舵机的角度，舵机的角度不会一直不变。当舵机接收到一个小于 1.5 ms 的脉冲，输出轴会以中间位置为标准，逆时针旋转一定角度。接收到的脉冲大于 1.5 ms 的情况相反。不同品牌，甚至同一品牌的不同舵机，都会有不同的最大值和最小值。一般而言，最小脉冲为 1 ms，最大脉冲为 2 ms，如图 5-16 所示。

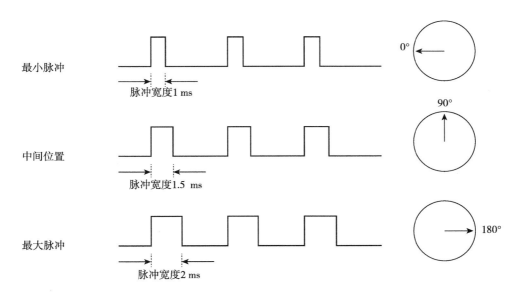

图 5-16 脉冲信号与舵机旋转角度示意图

5.3.3 PWM 输出原理

PWM 技术是一系列可以对脉冲的宽度进行调制的方法，来等效地获得所需要的波形（含形状和幅值），在电动机控制、LED 亮度等场合有广泛的应用。

PWM 波有几个重要的概念：

1）时钟源（设频率为 f_s）。PWM 一般是一种频率固定、高电平时间可以调节的矩形波，时钟源决定 PWM 的精度、最高频率。PowerSensor 的 PWM 时钟源是 100 MHz。

2）预分频（设为 n_f）。由于时钟源的频率较高，为了计算方便以及得到低频的信号，会使用预分频器对时钟源进行分频。PowerSensor 的预分频器是 16 位的。

3）计数器。计数器的单位是时钟源经过预分频后的时钟信号的周期，PowerSensor 使用的计数器是 32 位的。

4）周期/频率（设周期为 n_p）。周期是指生成的 PWM 的一个高电平和一个低电平的总时长，频率是周期的倒数。

5）高电平时间/占空比。高电平时间是指 PWM 一个周期内信号的高电平时间，占空比是高电平时间与周期的比值。

PWM 波的频率与时钟源的关系为

$$f_{pum} = \frac{f_s}{(n_f + 1)(n_p + 1)}$$

PWM 时序图如图 5-17 所示。

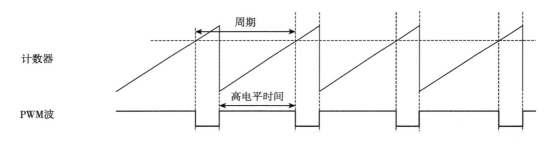

图 5-17 PWM 时序图

5.3.4 PWM 扩展板简介

通过 PowerSensor 视频识别模块控制舵机的旋转，还需要安装 PWM 扩展板。本书使用配套的 16 路 PWM 扩展板——PCA9685，如图 5-18 所示。

这块扩展板提供 16 路 PWM 波的输出功能，主要用于多关节舵机机械臂等领域。扩展板采用 I^2C 协议控制 PCA9685，完成 16 路 PWM 波信号的驱动和控制。

图 5-18 16 路 PWM 扩展板

5.3.5 单个舵机的控制实践

了解了舵机的相关概念后，接下来我们进行单个舵机的控制实践，首先将 PowerSensor 视频识别模块、PWM 扩展板、舵机、电池,按照规范要求进行连接,如图 5-19 所示。

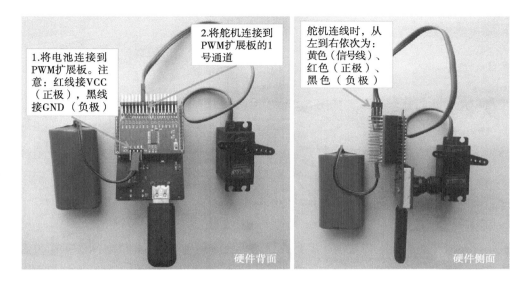

图 5-19 单个舵机控制的硬件连接

硬件连接完成后,我们打开人脸追踪云台程序,依次运行引入库及初始设置的程序,如图 5-20 所示。其中,引入库中增加了 PWM 驱动板 PCA9685。初始设置中增加了 16 路 PWM 扩展板的控制函数设置,其函数构造为

pwm16 = Pca9685. PCA9685 (0x60)

• 0x60 是 PCA9685 的从机地址,用户可根据自己需求修改。

频率设置函数为

setPWMFreq (fre)

• fre,必须,需要输出的 PWM 频率,单位为 Hz。

```
In [1]:   # 引入库
          import cv2                                    # 导入OpenCV计算机视觉库
          import numpy as np                            # 导入开源的科学计算库
          import matplotlib.pyplot as plt               # 导入2D绘图库(x, y轴)
          from IPython.display import clear_output      # 导入图片显示库
          import time                                   # 导入时间模块
          import PowerSensor as ps                      # 导入PowerSensor视频识别模块
          import Pca9685                                 # 导入16路PWM舵机驱动板(PCA9685)库

In [2]:   #初始设置
          cam1 = ps.ImageSensor()                       # 初始化摄像头
          s1 = ps.UsartPort()                           # 初始化串口通信
          pwm16 = Pca9685.PCA9685(0x60)                 # 16路PWM舵机驱动板设置
          pwm16.setPWMFreq(50)                          # 设置PWM频率为50 Hz(普通模拟舵机频率为50 Hz)
```

图 5-20 舵机控制引入库及初始设置程序

舵机的旋转角度需要通过脉冲宽度控制,其设置函数为

setServoPulse (chanel, value)

• chanel,必须,通道选择,选择范围 0 ~ 16。

• value,必须,高电平时间,单位为 ms。

运行程序如图 5-21 所示，可以发现舵机角度变化了，输入不同的 value 值，舵机的角度就会有不同的变化。

```
In [3]: pwm16.setServoPulse(1, 500)        # 1号通道，高电平时间500微秒
```

图 5-21　舵机简易控制程序

我们也可以通过运行循环函数，如图 5-22 所示，来更好地观察舵机角度的变化。

```
In [4]: for i in range(5):                 # 循环5次
            pwm16.setServoPulse(1, 400)    # 1号通道，高电平时间400微秒
            time.sleep(1)                  # 暂停1秒
            pwm16.setServoPulse(1, 2000)   # 1号通道，高电平时间2000微秒
            time.sleep(3)                  # 暂停3秒
```

图 5-22　舵机的循环控制程序

为了更精准地控制舵机的旋转角度，需要找到舵机旋转角度与 value 值之间的对应关系。不过每款舵机旋转角度对应的 value 值都有所不同，我们可以不停地减少 value 值，直至舵机不再旋转，然后确定本款舵机 0° 对应的 value 值。不断地增加 value 值，直至舵机不再旋转，然后确定本款舵机 180° 对应的 value 值。如图 5-23 所示，测试后，本款舵机 0° 对应的 value 值为 362，180° 对应的 value 值为 2708，那么可以计算出 90° 对应的 value 值，计算公式为（2708 − 362）/2 + 362 = 1535，即舵机旋转 90° 对应的 value 值为 1535。

```
In [23]: pwm16.setServoPulse(1, 362)       # 本款舵机对应的最小value值为362
```

```
In [25]: pwm16.setServoPulse(1, 2708)      # 本款舵机对应的最大value值为2708
```

图 5-23　舵机旋转角度测试

5.3.6　人脸追踪云台的搭建

搭建人脸追踪云台需要 7 块 3D 打印结构件、两个舵机、一块 7.4V 锂电池、一块 PWM 扩展板、配套螺钉螺帽及扳手、螺丝刀等安装工具，如图 5-24 所示。

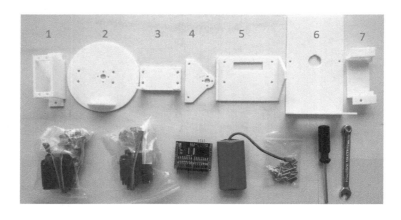

图 5-24　人脸追踪云台元器件图示

1. 初始准备

为确保人脸追踪云台的安装效果，首先要将两个舵机的旋转角度都调整到 90°，程序如图 5-25

所示。控制水平方向左右旋转的舵机称为 1 号舵机，连接到 1 号通道。控制垂直方向上下旋转的舵机称为 2 号舵机，连接到 2 号通道。

```
In  [3]:  pwm16.setServoPulse(1, 1535)   # 控制水平左右旋转舵机连接到1号通道
          pwm16.setServoPulse(2, 1535)   # 控制垂直上下旋转舵机连接到2号通道
```

图 5-25　两个舵机旋转到 90°程序

2. 人脸追踪云台的搭建

可以参考图 5-26 所示的步骤完成人脸追踪云台的搭建。

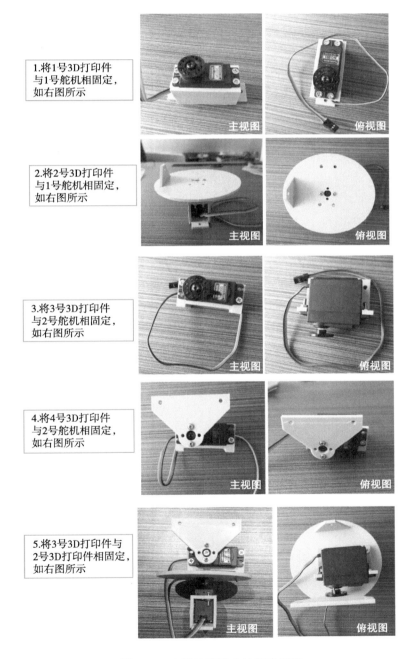

图 5-26　人脸追踪云台的搭建步骤

6.将5号3D打印件与6号3D打印件相固定，如右图所示

主视图　俯视图

7.将5号3D打印件分别与4号和2号3D打印件相固定，如右图所示

8.借助7号3D打印件将视频识别模块固定到6号3D打印件上，如右图所示

主视图　后视图

9.将1号舵机连接到1号通道，将2号舵机连接到2号通道，并连接固定好电池，如右图所示

主视图　后视图

图 5-26　人脸追踪云台的搭建步骤（续）

3. 人脸追踪云台的程序设计

　　人脸追踪云台实现跟随人脸自动转动的效果的原理，可以理解为，当云台上的视频识别模块检测到

人脸后，程序通过控制两个舵机带动云台进行水平及垂直方向的旋转，直到检测到的人脸中心点坐标位于图像的中心位置。如图 5-27 所示，我们将检测到的人脸左上角坐标、宽度、高度共 4 个值分别赋值给 x、y、w、h 4 个变量，此时人脸中心坐标可以表示为 $(x+w/2, y+h/2)$。如果要将人脸中心坐标移动到图像中心位置，X 轴方向需移动 $160 - (x+w/2)$ 像素，Y 轴方向需移动 $120 - (y+h/2)$ 像素。经测试本书使用的舵机 0° 对应的 value 值为 362，180° 对应的 value 值为 2708，那么我们可以得出 X 轴方向移动 1 个像素需要的 value 值为 $(2708 - 362) / 320 \approx 7.3$，$Y$ 轴方向为 $(2708 - 362) / 240 \approx 9.8$。如果我们分别用变量 hx、zx 分别代表 1 号和 2 号舵机旋转 90° 时的 value 值，那么人脸中心移动到图像的中心位置时 1 号舵机的 value 值为 $hx - (160 - (x+w/2)) \times 7.3$，2 号舵机的 value 值为 $zx - (120 - (x+w/2)) \times 9.8$，如果我们直接将这两个公式代入程序，云台会一次性旋转到人脸中心位置，容易损害云台，因此，我们在程序中应用的公式为 $hx + (160 - (x+w/2)) \times 2$，$zx + (120 - (x+w/2)) \times 2$，云台大约通过 5 次旋转，然后将人脸坐标旋转到中心位置，实现跟随人脸自动转动的效果。

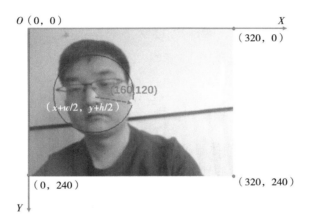

图 5-27　人脸中心点坐标移动示意图

注意：由于舵机的安装方向问题，1 号舵机的 value 值也可能为 $hx - (160 - (x+w/2)) \times 1.5$，2 号舵机的 value 值为 $zx - (120 - (x+w/2)) \times 2$，同学们可以根据实际测试情况，进行调整。

人脸追踪云台的程序如图 5-28 所示，由于云台结构的限制，垂直方向不能进行 0°～180° 的旋转，因此程序中对垂直方向的 value 值做了限制。

```
In [7]: classifier=cv2.CascadeClassifier("haarcascade_frontalface_alt.xml")
        # 加载分类，注意分类器文件（.xml文件）需要与人脸检测程序文件在同一个文件夹下
        hx=1535                        # 申请变量hx代表水平旋转舵机的value值，初始值为1535
        zx=1535                        # 申请变量zx表示垂直旋转舵机的value值，初始值为1535
        pwm16.setServoPulse(1, hx)     # 将水平旋转舵机调整到90度
        pwm16.setServoPulse(2, zx)     # 将垂直旋转舵机调整到90度
        time.sleep(2)                  # 暂停2秒

        for i in range(50):            # 循环50次
            start = time.time()        # 记录开始时间
            clear_output(wait=True)    # 清除图片，在同一位置显示，不使用会打印多张图片
            imgMat = cam1.read_img_ori()  # 读入图像
            tempImg = cv2.resize(imgMat, (320,240))  # 缩小图像尺寸为320×240
            image=cv2.cvtColor(tempImg,cv2.COLOR_BGR2GRAY)  # 将BGR彩色图转换为灰度图
            cv2.equalizeHist(image)    # 将图片均衡化
            faceRects=classifier.detectMultiScale(image,1.1,2,cv2.CASCADE_SCALE_IMAGE)
            # 使用detectMultiScale函数进行人脸检测
```

图 5-28　人脸追踪云台程序

```
if len(faceRects)>0:            # 如果检测到人脸
    for faceRect in faceRects:
        x,y,w,h=faceRect    # 将检测到的人脸左上角坐标、宽度、高度四个值分别赋值给x,y,w,h四个变量
        cv2.circle(tempImg,(x+w/2,y+h/2),min(w/2,h/2),(255,0,0)) # 将检测到的人脸用蓝色圆形标记
        hx=hx+(160-(x+w/2))*2      # 计算水平旋转舵机的value值
        zx=zx+(120-(y+h/2))*2      # 计算垂直旋转舵机的value值
        if hx < 362:
            hx=362                 # 规定水平旋转舵机的value值的最小值范围
        elif hx > 2708:
            hx=2708                # 规定水平旋转舵机的value值的最大值范围
        if zx < 900:
            zx=900                 # 规定垂直旋转舵机的value值的最小值范围
        elif zx > 2200:
            zx=2200                # 规定垂直旋转舵机的value值的最大值范围
        pwm16.setServoPulse(1, hx) # 控制水平旋转舵机旋转
        pwm16.setServoPulse(2, zx) # 控制垂直旋转舵机旋转

end = time.time()            # 记录结束时间
ps.CommonFunction.show_img_jupyter(tempImg) # 显示图片
print(end - start)           # 显示间隔时间
time.sleep(0.1)              # 暂停0.1秒
```

图 5-28 人脸追踪云台程序（续）

本章小结与评价

本章借助视频识别模块，让学生们体验了人脸检测及追踪的过程，并通过搭建人脸追踪云台，了解如何通过 PWM 扩展板控制舵机的旋转。在编程教学部分，主要介绍了人脸检测、人脸追踪动画特效、人脸追踪云台等功能，指导学生们理解程序编写的原理及背后的逻辑。

根据自己掌握情况填写表 5-1 自评部分，小组成员相互填写互评部分。

（A. 非常棒；B. 还可以；C. 一般。在对应的等级打"√"）

表 5-1 本章评价表

评价方向	评价内容	自评			互评		
		A	B	C	A	B	C
基础知识	能理解人脸检测的概念						
	能讲解人脸追踪动画特效实现的原理						
	能理解人脸追踪云台的控制原理						
核心技能	能借助课程提供的程序模板独立完成人脸检测的方形或圆形标记的程序编写						
	能借助课程提供的程序模板独立编写人脸追踪动画特效的程序编写						
	能独立完成人脸追踪云台的搭建						
学习品质	愿意和小组成员一起合作完成任务						
	会自觉整理硬件套件并归回原位						
	尊重他人意见，乐于与老师和同学分享、讨论						

主题三
计算机如何学习

　　学习是人类区别于动物的主要标志，也是人类作为高等动物的主要象征，人们通过学习来不断地积累经验，从而认识世界、改造世界，推动社会的发展。那么计算机（机器）会学习吗？如果会，它又是怎么学习的？

　　本主题我们将为同学们讲解机器是如何学习的，体验如何通过数据训练，让机器具备识别是否佩戴口罩的能力，并且借助口罩门禁系统的案例学习，让同学们了解视频识别模块如何与开源硬件相结合，设计出创新实用的智能产品。

第6章

机器学习和深度学习

☑ 1. 了解人工智能、机器学习、深度学习之间的关系。

☑ 2. 能区分监督学习、无监督学习和强化学习三种机器学习方式。

☑ 3. 了解人工神经网络的概念及其发展过程。

☑ 4. 能理解深度学习的技术原理，了解卷积神经网络、循环神经网络、生成对抗网络等常见的深度学习算法。

6.1　什么是机器学习

在主题一中我们介绍过围棋被誉为是人类最后的智慧高地，一直是检验人工智能发展水平的重要标志之一。2017年"大师"版阿尔法狗以3∶0的比分完胜围棋世界冠军柯洁，预示着人工智能已经具备了在智慧方面超越人类的潜能。阿尔法狗也能像人类一样通过学习来精进棋艺，那么阿尔法狗是如何学习的呢？

在讲解机器是如何学习之前，我们首先要明确人工智能、机器学习和深度学习三者之间的关系。如图6-1所示，机器学习是人工智能领域的核心，是使计算机具有智能的根本途径。深度学习是机器学习的一个子集，是当今人工智能爆发的核心驱动因素。

图 6-1　人工智能、机器学习和深度学习三者之间的关系

6.1.1 机器学习的概念

机器学习是专门研究计算机是怎样模拟或实现人类的学习行为，以获取新的知识或技能，是如何重新组织已有的知识结构，使之不断改善自身的性能。可以通俗地理解为，该领域是为了让机器能够学着执行那些**没有人为设定程序**的任务，也就是说让机器具备自己学习事物的特征和规则的能力。

机器学习最基本的做法是使用算法来解析数据、从中学习，然后对真实世界中的事件做出决策和预测。与传统的为解决特定任务、输入或输出参数值相对固定的软件程序不同，机器学习是用大量的数据来"训练"，通过各种算法从数据中学习如何完成任务。例如通过大量猫的图片训练，使机器掌握了猫的特征，它就具备了判断一张图片中有没有猫的能力。

6.1.2 机器学习的分类

机器学习的分类方式有很多种。基于学习方式，机器学习可以分为"监督学习""无监督学习"和"强化学习"三类。这是当前应用比较广泛的一种分类方式，下面我们将逐一介绍。

1. 监督学习（有教师学习）

监督学习是通过已有的数据集，并且知道该数据集中每个"输入数据"和"输出结果"之间的关系，令机器掌握其中的特征和规则，使其达到所要求性能的过程，也称为**监督训练**或**有教师学习**。在监督学习中必须要有数据及其对应的结果或者"标签"。

例如，阿尔法狗在最初训练时就使用了监督学习。如图6-2所示，开发团队首先从在线围棋对战平台上选取了3000万个围棋盘面及人类棋手的落子方案作为训练样本。然后将每一个盘面输入到阿尔法狗中，阿尔法狗通过事先设计好的策略网络进行计算，得到落子方案。随后将该落子方案与人类棋手的落子方案进行对比，如果一致，就加强每一层网络的参数。如果不一致，就对每一层网络的参数进行更新，直至一致。如此周而复始地进行三千万次计算后，最终得到了训练后的策略网络。借助训练后的策略网络，阿尔法狗就初步学会下围棋了。

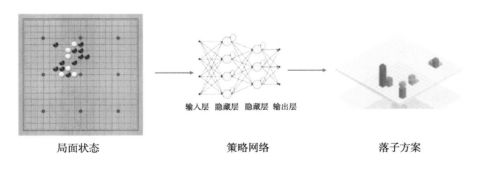

局面状态　　　　　　策略网络　　　　　　落子方案

输入层 隐藏层 隐藏层 输出层

图6-2　阿尔法狗的监督学习示意图

监督学习大致可以分为**分类问题**和**回归问题**。**分类问题**是对**问题进行分类**，例如"接收的电子邮件是普通邮件还是垃圾邮件""输入的图像是猫还是狗"。**回归问题**指的是能够**得出具体的数值**，例如"预测一下明天的气温是多少摄氏度""预测下某地区下季度房屋的价格"等。

2. 无监督学习（无教师学习）

现实生活中有很多问题并没有明确的答案，或者人工输入对应的结果（打标签）成本过高。所以在机器学习中，有一种方法是让机器通过在没有被标记的，或者说没有答案的数据集中寻找特征和规律，从而解决模式识别中的各种问题，这种方法被称为**无监督学习**，也称为无**监督训练**或**无教师学习**。

无监督学习常用的方法是聚类。"谷歌大脑"中让计算机自己学会识别猫就采用了无监督学习方法。开发团队在 YouTube 视频中随机找到的 1000 万张动物的数字照片，然后"谷歌大脑"将这些动物图片自动聚类，寻找这些图片间的特征规律。训练完成后，"谷歌大脑"具备了在 YouTube 视频中"认出"猫的能力。

> 介于监督学习和无监督学习之间还有一种机器学习的方法，被称为**半监督学习**。半监督学习是监督学习与无监督学习相结合的一种学习方法。它采用部分标记数据及大量未标记数据进行训练，一方面能减轻研究人员的工作量，另一方面，又能够带来比较高的准确性。因此，半监督学习目前正越来越受到人们的重视。

3. 强化学习（增强学习）

在机器学习中还有一种常见的学习方式，被称为强化学习，又称再励学习、评价学习或增强学习。强化学习是让机器基于环境的反馈而行动，通过不断与环境的交互、试错，最终完成特定目的或者使得整体行动收益最大化。也可以理解为，智能主体在与环境交互过程中趋利避害的一种学习过程。相比较于监督学习需要提前给训练数据打标签给结果（答案），也不同于非监督学习没有任何反馈（指导），强化学习需要环境对于机器的行动给予反馈，或者奖励或者惩罚，反馈可以量化，机器会基于反馈不断调整自己的行为，最终完成目标或者使收益最大化。

当阿尔法狗初步学会下围棋后，开发团队就利用了强化学习的方式来提高其下棋的水平，如图6-3 所示。这个阶段，开发者让阿尔法狗自己跟自己下棋来训练其策略网络，与监督学习阶段不同，此阶段在记录盘面的状态矩阵和落子方案的同时还会记录对弈结束的胜负结果，并通过结果向阿尔法狗反馈之前的落子方案是好的还是坏的，在奖励或惩罚的刺激下，让阿尔法狗逐步形成对刺激的预期，产生能获得最大利益的习惯性行为，即积累胜棋的经验，从而不断提高棋艺。

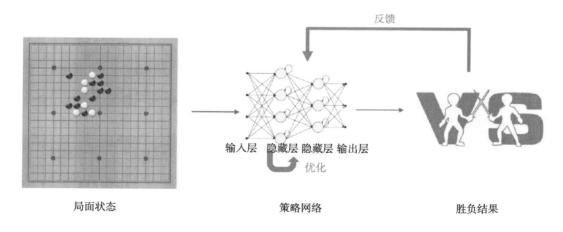

图6-3　阿尔法狗的强化学习示意图

关于三类学习方式的差异，我们做了简单的整理，如图6-4 所示。

图 6-4　三类学习方式的比较

6.2　什么是人工神经网络

我们还可以基于学习策略将机器学习分为直接采用数学方法的机器学习和模拟人脑的机器学习。直接采用数学方法的机器学习主要是统计机器学习。统计机器学习是基于对数据的初步认识以及学习目的的分析，选择合适的数学模型，拟定超参数，并输入样本数据，依据一定的策略，运用合适的学习算法对模型进行训练，最后运用训练好的模型对数据进行分析预测。模拟人脑的机器学习主要分为**符号学习**和**连接学习**。符号学习包括机械学习、指导学习、解释学习、类比学习、示例学习和发现学习等。**连接学习**又称为**神经网络学习**，它是以大脑的构成原理——神经网络为基础，来模拟大脑功能的一种学习方法。神经网络学习是当前人工智能领域的研究热点之一，下面我们将进行详细介绍。

6.2.1　神经元与人工神经网络

大脑是人类行为的控制中枢，也是意识、精神、语言、学习、记忆和智能等高级神经活动的物质基础。目前我们还无法解开大脑的全貌，但是也已经了解到，神经元即神经元细胞，是大脑的组成部分，而大脑内大约有 100 亿个神经元。

神经元分为**细胞体**和**突起**两部分。细胞体由细胞核、细胞膜、细胞质组成，具有联络和整合**输入信息**并**传出信息**的作用，也就是输入和输出。突起有树突和轴突两种。树突短而分枝多，直接由细胞体扩张突出，形成树枝状，其作用是接收其他神经元轴突传来的冲动并传给细胞体。轴突长而分枝少，为粗细均匀的细长突起，常起于轴丘，其作用是接收外来刺激，再由细胞体传出，如图 6-5所示。

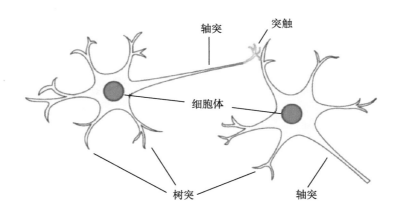

图 6-5 神经元信息传递示意图

受人脑结构的启发，科学家们希望通过模拟生物神经元即人工神经元，从而制造出具备人类智能的计算机。1943 年，美国心理学家麦克洛奇（Mcculloch）和数学家皮兹（Pitts）按照生物神经元的结构和工作原理构造出来的一个抽象和简化了的人工神经元模型，被称为 M－P 模型，如图 6-6所示。

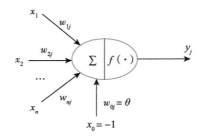

图 6-6 M－P 模型示意图

结合表6-1，对于某一个神经元j，它可能同时接收了许多个输入信号，用 x_i 表示。由于生物神经元具有不同的突触性质和突触强度，所以对神经元的影响不同，我们用权值 w_{ij} 来表示，其大小则代表了突出的不同连接强度。在 M－P 模型中，多个输入节点 $\{x_1, x_2, \cdots, x_n\}$ 对应一个输出节点 y_j。每个输入 x_i 乘以相应的连接权重 w_i，然后相加得到输出 y_j。结果之和如果大于阈值 h，则输出 1，否则输出 0。

表 6-1 生物神经元与 M－P 模型对比

生物神经元	神经元	输入信号	权重	输出	总和	膜电位	阈值
M－P 模型	j	x_i	w_{ij}	y_j	$\sum$	$\sum_{i=1}^{n} w_{ij} x_i\ (t)$	θ_j

然后，科学家将大量的人工神经元按一定的层次结构连接起来，调整好权重，就得到了**人工神经网络**，可以用来进行信息的处理。

M－P 模型虽然是一个简单的人工神经元模型，但是由于它是第一个被建立起来的，在多个方面都显示出生物神经元所具有的基本特性。而且后续很多的人工神经元模型都是在 M－P 模型的基础上经过不同的修正，改进变换而发展起来。因此，M-P人工神经元是整个人工神经网的基础。

6.2.2 感知器与多层感知器

1949 年加拿大心理学家唐纳德·赫布（Donald Hebb）提出了**赫布定律**，即突触前后的神经元在同一时间被激发时，突触间的联系会加强。1958 年，美国康奈尔大学实验心理学家弗兰克·罗森布拉特（Frank Rosenblatt）将"人工神经元"与赫布定律结合，提出了**感知器**（也称为感知机）的概念。与 M-P 模型需要人为确定参数不同，感知器能够通过训练自动确定参数。训练方式为监督学习，即需要设定训练样本和期望输出，然后根据实际输出和期望输出之差，自动调整对应参数的方式得到训练模型。机器借助这个训练模型就可以做一些相关的预测和判断。

对线性可分问题，即可以用一个线性函数把两类样本分开的问题，感知器可以很好地解决。例如，我们利用 10 万条身高、体重及其对应年龄的数据进行训练。机器既可以利用这个训练好的模型预测某一身高体重人的年龄，如图 6-7 所示。但是对于线性不可分，即不可以通过一个线性分类器（直线、平面）将样本分开的问题，感知器就无法解决了。例如，我们想解决身高、体重与收入的问题，由于身高、体重和收入没有直接的相关性，无法用一条线来分开，如图 6-8 所示。

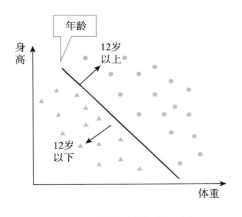

图 6-7　线性可分问题示例

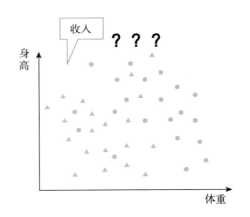

图 6-8　线性不可分问题示例

为了解决线性不可分等更复杂的问题，人们提出了**多层感知器**模型，如图 6-9 所示。**多层感知器**指的是由多层结构的感知器递阶组成的输入值向前传播的网络，也被称为**前馈网络**或**正向传播网络**。

多层感知器通常采用三层结构，由输入层、中间层（隐藏层）及输出层组成，如图 6-10 所示。与 M-P 模型相同，中间层的感知器通过权重与输入层的各单元相连接，通过阈值函数计算中间层各单元的输出值。中间层与输出层之间同样是通过权重相连接。单层感知器是通过误差修正学习确定输入层与输出层之间的连接权重的，而误差修正学习是根据输入数据的期望输出和实际输出之间的误差来调整连接权重，但是不能跨层调整，所以无法进行多层训练。那么，多层感知器如何确定各层之间的连接权重呢？

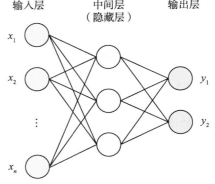

图 6-9　多层感知器示意图

1986 年，美国数学家和认知心理学家大卫·鲁姆哈特（David Rumel-hart）和加拿大高等研究院神经计算和自适应感知项目的带头人杰弗里·辛顿（Geoffrey Hinton）提出了**误差反向传播算法**（BP 算法）。误差反向传播算法通过比较实际输出和期望输出得到误差信号，把误差信号从输出层逐层向前传播得到各层的误差信号，再通过调整各层的连接权重以减小误差。权重的调整主要使用**梯度下降法**。如图 6-10 所示，通过实际输出和期望输出之间的误差 E 和梯度，确定连接权重 w_0 的调整值，得到新的连接权重 w_1。然后像这样不断地调整权重以使误差达到最小，从中学习得到最优的连接权重 w_{opt}。

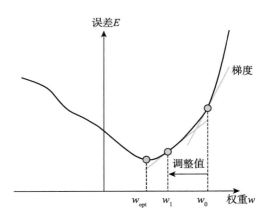

图 6-10　梯度下降法示意图

借助 BP 算法，多层感知器可以解决很多实际问题，比如手写数字识别、商品的销量预测等。概括来说，其优点有：①具有实现任何复杂非线性映射的功能；②适合于求解内部机制复杂的问题；③寻优具有精确性；④具有自适应和自学习能力；⑤泛化和容错能力强；⑥具有一定的推广、概括能力。但是该方法也存在很多问题：①学习速度慢，即使是一个简单的问题，一般也需要几百次甚至上千次的学习才能收敛；②容易陷入局部极小值，且对于较大的搜索空间，多峰值和不可微函数不能搜索到全局最优；③训练结果可能未达到预定精度；④可能会出现"过拟合"现象；⑤隐藏层的层数和单元数的选择尚无理论上的指导，一般根据经验值或反复实验确定；⑥训练过程中，学习新样本时有遗忘旧样本的趋势。由于上述诸多不足，自 20 世纪 90 年代开始，人工神经网络的研究陷入了低潮。

6.3　什么是深度学习

2006 年，杰弗里·辛顿等人发表了一篇名为《一种深度置信网络的快速学习算法》的论文，文中展示了如何训练一个能够以最先进的精度识别手写数字的深度神经网络（＞98 %）。他们称这种技术称为"深度学习"。自此带来了神经网络研究的新一轮高潮。

深度学习是**机器学习**领域中一个新的研究方向，是人工神经网络算法的拓展。一般我们将超过**四层（含两个以上隐藏层）**的人工神经网络成为**深度学习**。

6.3.1　深度学习与传统人工神经网络的区别

如图 6-11 所示，与传统的人工神经网络相比，深度学习除了拥有更多的隐藏层外，不需要手工提取特征，可以直接将图像作为输入，然后通过卷积神经网络等算法自动进行特征提取和分类。其次，深度学习需要高性能的图形处理单元（GPU）和大量数据。当数据量增加时，深度学习算法的性能也会提高。与之相反，当数据量增加时，传统学习算法的性能会降低。

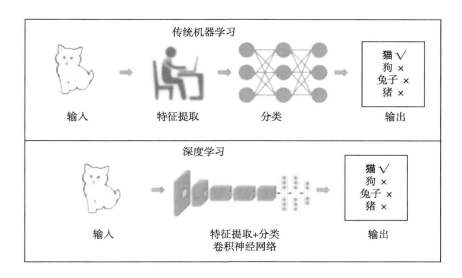

图 6-11　深度学习与传统人工神经网络的区别

6.3.2　三种典型的深度学习算法

深度学习的算法有很多，而且还在不断地进化发展，本书将介绍三种典型的深度学习算法。

1. 卷积神经网络

卷积神经网络（Convolutional Neural Network，CNN）是一种深度学习模型或类似于人工神经网络的多层感知器，常用来分析视觉图像。

如图 6-12 所示，卷积神经网络由输入层、卷积层、池化层、全连接层和输出层组成。

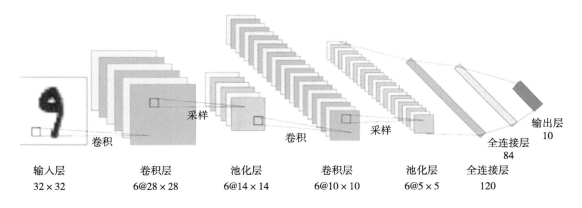

图 6-12　卷积神经网络（手写数字识别示例）

在卷积神经网络（CNN）出现之前，图像处理对于人工智能来说有两个主要难题，首先图像的数据量太大，一张 1024×768 像素的 RGB 彩色图片，就有 200 多万数据。处理成本很高，效率低下。其次，图像的特征需要人工提取，效率低下，而且在数字化的过程中很难保留图像原有的特征，图像处理的准确率不高。

卷积神经网络可以直接对图像进行处理，在卷积层中将输入数据和卷积核进行卷积运算得到图像的特征图。一般卷积之后的图像还是很大，然后通过池化层的下采样，也就是选取卷积层中的一个区域，然后根据该区域的特征图，再得到一个新的特征图，这样可以降低数据维度，从而大大减少运算量，还可以有效地避免过拟合。全连接层类似于传统神经网络。经过卷积层和池化层处理过的数据输入到全连接层，然后通过计算输出想要的结果。工程师可以通过增加卷积层和池化层，得到更深层次的卷积神经网络，全连接层也可以采用多层结构。

卷积神经网络在图像处理方面十分有优势，目前在图像分类检索、目标定位检测、目标分割、人脸识别和骨骼识别等领域有着广泛的应用。

2. 循环神经网络

卷积神经网络和大多算法都是输入和输出一一对应，也就是一个输入得到一个输出，不同的输入之间没有联系。但是在某些场景中，使用这些方法很难做出有效的判断。比如直接推断"zhi neng"这个发音对应的文字是"智能""只能"还是"职能"是比较困难的，但是如果能联系前后发音，比如知道前面的发音是"ren gong"，那么就能比较容易地推断出"zhi neng"对应的文字是"智能"。这种需要处理**序列数据**（有先后顺序的一组有限或无限多个数据）的场景就需要使用**循环神经网络**（Recurrent Neural Network，RNN）。典型的序列数据有文章里的文字内容、语音里的音频内容、股票市场中的价格走势等等。

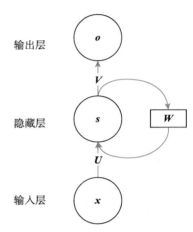

循环神经网络（RNN）是一类以**序列数据**为输入，在序列的演进方向进行递归且所有节点（循环单元）按链式连接的递归神经网络。循环神经网络一般由输入层、隐藏层和输出层组成。

如图 6-13 所示，其中：①x 是一个向量，它表示输入层的值；②s 是一个向量，它表示隐藏层的值；③o 也是一个向量，它表示输出层的值；④U 是输入层到隐藏层的权重矩阵；⑤V 是隐藏层到输出层的权重矩阵；⑥W 是每个时间点之间的权重矩阵。

图 6-13　循环神经网络结构示意图

如果剥离开 W，其实 x，U，s，V，o 就是一个普通的神经网络结构。循环神经网络之所以可以解决序列问题，就是因为与普通的神经网络结构不同，隐藏层的值（s）不仅仅取决于当前这次的输入（x），还取决于上一次隐藏层的值（$s-1$）。W 就是隐藏层上一次的值作为这一次的输入的权重。

如图 6-14 所示，我们将循环神经网络按照时间线展开，循环神经网络在 t 时刻接收到输入 x_t 之后，得到隐藏层的值是 s_t，然后得到输出值是 o_t，其中，s_t 的值不仅仅取决于 x_t，还取决于 s_{t-1}。因为这样的结构，循环神经网络可以记忆瞬时信息，可以捕捉到序列数据中存在的逻辑关系，从而可以更有效地解决序列数据问题。当前循环神经网络在文本生成、语音识别、机器翻译、生成图像描述和视频标记等领域有着广泛的应用。

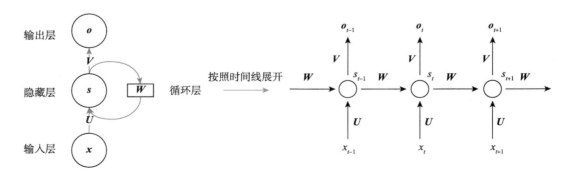

图 6-14　循环神经网络结构展开示意图

3. 生成对抗网络

生成对抗网络（Generative Adversarial Network，GAN）是 2014 年由美国谷歌大脑的研究科学家伊恩·古德费洛（Ian Goodfellow）通过让两个神经网络相互博弈的方式进行学习，可以根据原有的数据集生成以假乱真的新的数据。生成对抗网络近些年十分热门的一种无监督学习算法。

如图 6-15 所示，生成对抗网络（GAN）由两个重要部分构成：①生成器（Generator），通过机器生成数据（大部分情况下是图像），目的是"骗过"判别器；②判别器（Discriminator），判断这张图像是真实的还是机器生成的，目的是找出生成器制造的"假数据"。

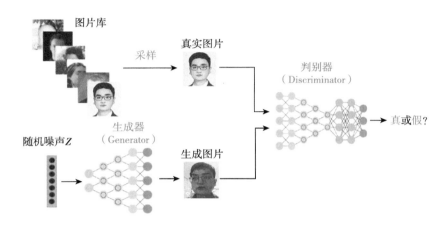

图 6-15 生成对抗网络结构展开示意图

生成器和判别器都是多层感知器，生成对抗网络可以看作是两个多层感知器的博弈过程。生成器根据随机噪声生成一张假图出来，用这张假图去欺骗判别器，判别器负责判断这张图是真图还是假图，并给出一个得分。例如，生成器生成了一张图，在判别器这里评分很高，说明生成器生成效果很好；若判别器给出的评分不高，可以有效区分真假图，则生成器的效果还不太好，需要调整参数。

生成对抗网络可以生成出非常逼真的照片、图像甚至视频，在生成图像数据集、生成人脸照片、图像到图像的转换、文字到图像的转换、图片编辑、图片修复等诸多领域有着广泛的应用。

6.3.3 深度学习的应用案例

作为当前人工智能领域的研究热点，深度学习在某些领域展现出了最接近人类所期望的智能效果，同时也在悄悄地走进我们的生活，例如刷脸支付、语音识别、智能翻译、汽车上的智能辅助驾驶等，让我们的生活变得越来越智能化。下面我们将简单介绍当前深度学习的一些典型应用案例。

1. 图像识别

2012 年，计算机视觉届的"奥林匹克"——ImageNet 挑战赛的赛场上，杰夫·辛顿教授和他的团队第一次用上了 GPU 芯片和深度学习算法，大大提高了图像识别率。在 2015 年的 ImageNet 大赛上，微软亚洲研究院团队更是凭借 GPU 与深度学习算法，第一次让计算机的图像识别超过了人类。人类识图错误率约为 4 %，而冠军团队机器识图的错误率为 3.57 %。在今天人工智能领域，图像识别特别是人脸识别几乎是最为成熟的应用。

2．语音交互

基于深度学习算法的语音识别技术拥有良好的发展前景，目前连各地方言都可以非常精准地识别了。它是当前人工智能领域较为成熟的应用之一。

3．情感识别

深度学习帮助计算机识别新闻、微博、博客、论坛等文本内容中所包含情感态度，从而及时发现产品的正负口碑。

4．艺术创作

深度学习让计算机学会根据不同的作曲家风格进行音乐编曲或者基于各流派画家进行绘画创作。

5．无人驾驶汽车

深度学习在无人驾驶领域主要用于图像处理，感知周围环境、识别可行驶区域以及识别行驶路径等。

6．预测未来

深度学习也被用来预测未来发展趋势，如金融领域可以用来预测股价的涨跌。

7．仓库优化

深度学习训练机器人用最优的路径来存取货物。

8．脑肿瘤检测

利用深度学习方法，通过对已有的有无恶性肿瘤及肿瘤位置等大量医疗图像数据进行学习，总结出能代表恶性肿瘤形状等的"特征"模型。基于此模型，从 X 光、计算机断层（CT）扫描、超声波检查、磁共振成像（MRI）等的图像中找出癌症等恶性肿瘤。

6.3.4　当前深度学习的技术瓶颈

当前深度学习虽然在很多领域得到了广泛的应用，但由于诸多因素的制约，要在更多行业落地，技术上还存在比较明显的瓶颈，其中，数据、算力、不可解释性是比较重要的几个方面。

1．数据

深度学习之所以能成功，最重要的一点是需要有大量的数据，但这个前提往往很难达到。首先，数据的采集非常耗费资源，很多应用场景甚至难以采集到真实的数据，并且数据的隐私和安全也越来越被关注。其次，采集到的数据通常还需要进行人工标注，需要大量的时间和人力成本。使得深度学习在当前"大数据"时代仍然面临数据匮乏的窘境。

2．算力

除了数据之外，深度学习最早在图像分类领域获得成功的另外一个重要因素是利用 GPU 来训练深度神经网络，这一结果也直接促进了 GPU 硬件在近些年快速发展。同时，各种移动端、边缘侧的 AI 芯片也陆续被研发和使用。随着应用场景和算法功能越来越多，算力仍然是紧缺资源，需要芯片性能的持续提升。

3．不可解释性

经典机器学习算法通常有比较严谨的理论支撑，在一定程度上保证了算法的准确性。但深度学习与之不同，注重的是模型学习数据和标签的"关系"，而很少关注"关系"的物理含义。深度学习训练出来的模型通常很难解释它学到了什么，也少有扎实的理论可以证明它能学成什么样子，正如贝叶斯网络之父朱迪亚·珀尔（Judea Pearl）所指出的："几乎所有的深度学习从突破性的本质上来说都只是曲线拟合罢了"。因此深度学习惯性地被大家认为是黑箱模型，模型训练的过程常被调侃为"炼丹术"。不可解释同样也意味着危险，事实上很多领域对深度学习模型应用的顾虑除了模型本身无法给出足够的信息之外，也有或多或少关于安全性和稳定性的考虑。

6.3.5 深度学习的未来发展方向

虽然当前仍然存在一些问题亟待解决，但并不影响深度学习在更多行业的落地、更多领域的技术和深度学习相结合。下面我们介绍几个比较重要的发展方向。

1. 小样本学习

人类擅长通过极少量的样本去识别一个新物体，这被视为人类智能的一种关键能力，比如小孩子只需要通过书中的插画就可以认识什么是"斑马"。在人类快速学习能力的启发下，研究者们希望模型在学习了一定量数据之后，对于新的类别，只需要少量的样本就能快速认知，通常也被称为"学习如何去学习"。这一类技术被视为能够解决深度学习需要大量标定样本才能达到预期效果的解决方案。事实上，小样本学习在学术圈已研究多年，也形成了基于元学习、度量学习等诸多方案，未来必定会有小样本算法在工业界落地。

2. 迁移学习

顾名思义，迁移学习是通过从已学习的相关任务中转移知识，获得并改进在新任务上的泛化能力。迁移学习对人类来说很常见，例如我们可能会发现学习弹奏电子琴有助于学习钢琴。迁移学习可以在一定程度上缓解深度学习对数据的依赖，提升深度学习算法对场景的适用性。实际上迁移学习已经在深度学习中有所应用，深度学习中的微调通常被认为是迁移学习的一种简单形式。近年来，越来越多的迁移学习技术被应用到深度学习中，使深度学习模型可以更好地训练来自不同领域的数据，从而提高模型在不同场景下的适应性。

3. 联邦学习

现实中，绝大多数企业和研究机构都存在数据量少质差的问题，不足以支撑人工智能技术的实现。同时国内外监管机构也在加强数据和隐私保护，陆续出台相关政策。数据要在安全合法的前提下使用成为大势所趋。

诸多因素导致了"数据孤岛"的出现，因此联邦学习应运而生。联邦学习可以在拥有本地数据的多个分布式设备之间训练算法，而无须交换数据样本。联邦学习能够充分利用参与方的数据和算力，共同构造鲁棒的机器学习模型而不需要共享数据。在数据监管越来越严格的大环境下，规避数据所有权、访问权、隐私以及异构数据的访问等关键问题。

4. 深度学习理论研究

在2017年神经信息处理系统进展大会（NIPS）的"时间检验奖"（Test of Time Award）颁奖典礼上，阿里·拉希米呼吁人们加深对深度学习内在本质的理解："我希望生活在这样的一个世界，它的系统是建立在严谨可靠而且可证实的知识之上，而非炼金术"。在2018年的国际机器学习会议（ICML）上，深度学习理论研究成为最大主题之一，研究者们对深度学习领域损失函数的理解、训练方法收敛性分析、算法泛化能力理论分析等因素进行了深入讨论和交流。可以看到，深度学习要真正被广泛、安全、稳定地应用，势必要有扎实的理论研究作为基础。

本章小结与评价

本章主要介绍了机器学习、人工神经网络和深度学习等领域的基本知识和技术原理。机器学习部分主要介绍了监督学习、无监督学习和强化学习三种学习方式的特点和区别。人工神经网络部分主要介绍了人工神经网络的发展历程。深度学习部分主要介绍了卷积神经网络、循环神经网络和生成对抗网络等常见算法，并概括了当前深度学习技术的应用领域、技术瓶颈及未来的发展方向，让同学们初步了解了机器是如何学习的。

根据自己掌握情况填写表6-2自评部分，小组成员相互填写互评部分。

（A. 非常棒；B. 还可以；C. 一般。在对应的等级打"√"）

表6-2 本章评价表

评价方向	评价内容	自评			互评		
		A	B	C	A	B	C
基础知识	清楚人工智能、机器学习、深度学习之间的关系						
	能区分监督学习、无监督学习和强化学习三种机器学习方式						
	能描述什么是人工神经网络						
	能简单描述卷积神经网络、循环神经网络和生成对抗网络三种算法的技术原理						
学习品质	愿意和小组成员一起合作完成任务						
	主动搜集计算机视觉领域相关资料						
	尊重他人意见，乐于与老师和同学分享、讨论						

第 7 章

口罩识别实践

☑　1. 能描述深度学习项目的简易流程。

☑　2. 能够利用视频识别模块，独立完成数据采集过程。

☑　3. 能够独立完成虚拟机的部署，并理解模型训练的过程。

☑　4. 能够完成识别应用的程序编辑，并理解其实现原理。

7.1　数据采集

我们在主题三进行人脸检测、人眼检测等项目实践时，都是调用已经训练好的模型文件。如果找不到合适的模型文件，应该如何训练生成所需的模型文件呢？本节我们将通过口罩识别深度学习项目，带领同学们体验通过监督学习方式进行模型训练的完整流程。

7.1.1　深度学习项目流程

如图 7-1 所示，深度学习项目一般包括数据采集、模型训练和识别应用三部分。

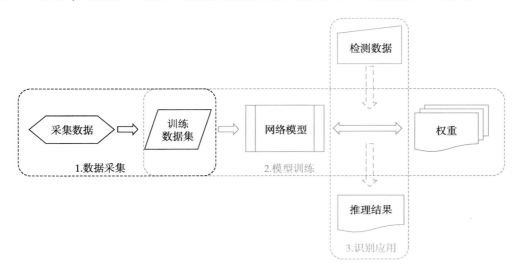

图 7-1　深度学习项目的简易流程

数据采集部分的主要目标是得到训练数据集。我们可以借助网上已有的数据集，也可以自己采集数据。为了提升训练数据集的质量，采集的数据一般都需要经过数据预处理来统一图片的尺寸、分辨率，并进行标准化、归一化等操作。

模型训练部分主要包括预设计深度学习网络模型、数据训练形成权重集、转化保存权重集及网络模型，形成训练后的模型文件。预设计深度学习网络模型包括卷积层、池化层、全连接层和输出层的搭建。

识别应用部分主要是通过加载训练后的模型文件，来对检测数据进行推理和预测，并借此来判断训练后的模型文件的推理效果是否能达到设计预期。

接下来我们借助视频识别模块 PowerSensor 开发板来进行口罩识别项目设计，让视频识别模块具备判断测试者是否佩戴口罩的能力。

7.1.2 初始设置

本项目将借助视频识别模块自带的摄像头，拍照来采集所需的训练数据集。首先，新建"口罩识别"文件夹，上传"数据采集 . ipynb"文件，如图 7-2 所示。

图 7-2 上传数据采集程序文件

打开数据采集程序，依次运行导入库和新建数据集文件夹程序，如图 7-3 所示。

```
In [1]:  import os                                  # 导入操作系统库（文件夹处理）
         import random                              # 导入随机函数模块
         import cv2                                  # 导入OpenCV计算机视觉库
         import matplotlib.pyplot as plt             # 导入2D绘图库（x，y轴）
         import time                                 # 导入时间模块
         import matplotlib as mpl                    # 导入可视化扩展库
         from matplotlib import font_manager         # 导入字体属性模块
         import PowerSensor as ps                    # 导入PowerSensor视频识别模块
         from IPython.display import clear_output    # 导入图片显示库
```

1 新建数据集文件夹

```
In [2]:  !rm -rf ./run/                              # 删除文件名是run的文件夹
         !mkdir ./run/                               # 创建文件名是run的文件夹
         !mkdir ./run/ma/                            # 在run文件夹下创建文件名是ma的文件夹
         !mkdir ./run/um/                            # 在run文件夹下创建文件名是um的文件夹

In [3]:  cam1 = ps.ImageSensor()                     # 初始化摄像头
```

图 7-3 导入库和新建数据集文件夹程序

运行结果如图 7-4 所示，在口罩识别文件夹中新建了一个 run 文件夹及 ma、um 两个子文件夹。后续 ma 文件夹中将存储戴口罩的图片数据，um 文件夹中将存储不戴口罩的图片数据。

图 7-4　新建数据集文件夹程序运行结果

7.1.3　采集图片

1. 函数介绍

保存摄像头拍摄的照片需要使用函数 cv2. imwrite( )，函数格式如下：

cv2. imwrite（filename，image）

- filename：代表保存图像存储路径及文件名。文件名必须包含图像格式，例如 . jpg， . png 等。
- image：要保存的图像。

2. 程序案例

图像采集及保存的程序如图 7-5 所示。首先采集的图片数据要按文件夹存放，即戴口罩的照片存放在 ma 文件夹中，不戴口罩的照片存放在 um 文件夹中。其次，采集图片数据时要保证不同光照、不同场景、不同角度的图片数据都要有，而且图片中人脸要完整不能缺失。

```
In [4]:  sort = 'ma'                                    # 创建字符串变量sort，并赋值为ma
         cnt = len(os.listdir('./run/' + sort + "/"))
         # 创建整型变量cnt，并赋值为sort文件夹中图片的数量。
         # os.listdir()用于返回指定的文件夹包含的文件或文件夹的名字的列表。
         # len()用于返回对象（字符、列表、元组等）长度或者项目个数。
         name_start = 'x'                                # 创建字符串变量name_start，并赋值为x
         for i in range(100):                            # 循环100次
             start = time.time()                         # 记录开始时间
             clear_output(wait=True)                     # 清除图片，在同一位置显示，不使用会打印多张图片
             imgMat = cam1.read_img_ori()                # 读入图像
             imgShow = cv2.resize(imgMat, (320,240))     # 缩小图像尺寸为320×240
             cv2.imwrite('./run/' + sort + "/" + name_start + str(cnt) + ".jpg", imgShow)
                                                         # 将imgShow图片存储到 sort文件夹中，并命名
             cnt += 1                                    # cnt 变量数值加1

             img = ps.CommonFunction.show_img_jupyter(imgShow)   # 显示图片
             end = time.time()                           # 记录结束时间
             print(i, end - start)                       # 显示i值及间隔时间
             time.sleep(1)                               # 暂停1秒
```

图 7-5　采集图片数据程序

程序运行效果如图 7-6 所示。ma 文件夹中已经存储了大量的戴口罩图片。

91

图 7-6　ma 文件夹戴口罩图片数据

对图像采集及保存的程序进行修改，采集不带口罩的图片数据，并保存到 um 文件夹，如图 7-7 所示。本项目将采集戴口罩和不戴口罩的图片数据各 200 张，因此图 7-5 和图 7-7 所示程序需分别执行两次。

```
In [13]: sort = 'um'                                    # 创建字符串变量sort，并赋值为jum
         cnt = len(os.listdir('./run/' + sort + "/"))
         # 创建整型变量cnt，并赋值为sort文件夹中图片的数量。
         # os.listdir() 用于返回指定的文件夹包含的文件或文件夹的名字的列表。
         # len()用于返回对象（字符、列表、元组等）长度或者项目个数。
         name_start = 'y'                                # 创建字符串变量name_start，并赋值为yy
         for i in range(100):                            # 循环100次
             start = time.time()                         # 记录开始时间
             clear_output(wait=True)                     # 清除图片，在同一位置显示，不使用会打印多张图片
             imgMat = cam1.read_img_ori()                # 读入图像
             imgShow = cv2.resize(imgMat, (320,240))     # 缩小图像尺寸为320×240
             cv2.imwrite('./run/' + sort + "/" + name_start + str(cnt) + ".jpg", imgShow)
                                                         # 将imgShow图片存储到sort文件夹中，并命名
             cnt += 1                                    # cnt变量数值加1

             img = ps.CommonFunction.show_img_jupyter(imgShow)  # 显示图片
             end = time.time()                           # 记录结束时间
             print(i, end - start)                       # 显示i值及间隔时间
             time.sleep(1)                               # 暂停1秒
```

图 7-7　采集不带口罩图片数据程序

将采集到的图片数据打包成压缩文件，如图 7-8 所示。

```
In [14]: !tar -cvf dataset.tar.gz ./run/    # 将run文件夹下图片数据打包成dataset.tar.gz压缩包文件
         ./run/
         ./run/um/
         ./run/um/x106.jpg
         ./run/um/x198.jpg
         ./run/um/x179.jpg
         ./run/um/y79.jpg
         ./run/um/y26.jpg
         ./run/um/y4.jpg
         ./run/um/y92.jpg
         ./run/um/x172.jpg
         ./run/um/x154.jpg
         ./run/um/y45.jpg
         ./run/um/x104.jpg
```

图 7-8　将图片数据打包成压缩包程序

进入"口罩识别"文件夹，将压缩包文件下载到计算机桌面，如图7-9所示。

图 7-9 将压缩包文件下载到计算机桌面

解压计算机桌面上的 dataset. tar. gz 文件夹，将文件夹中半边脸、未露脸等不合格的图片剔除，剩下的图片数据集就是口罩识别项目的训练数据集，部分图片如图7-10所示。

图 7-10 口罩识别训练数据集部分图片

7.2 模型训练

训练数据集准备好了，接下来将利用配置好的 Ubuntu 虚拟机进行模型训练。本节采用监督学习的方式进行模型训练，我们通过将戴口罩和不戴口罩的图片数据分别存放在 ma 和 um 两个不同的文件夹中的方式，来给训练数据打"标签"。

7.2.1　部署虚拟机

第一步：打开 VMware 程序，启动虚拟机文件。Ubuntu 系统的密码是 123，如图 7-11 所示。

图 7-11　启动虚拟机文件

第二步：按照图 7-12 所示路径，进入"kouzhao"文件夹。

图 7-12　进入"kouzhao"文件夹

第三步："kouzhao"文件夹中存放着口罩识别项目模型训练的文件，如图 7-13 所示。

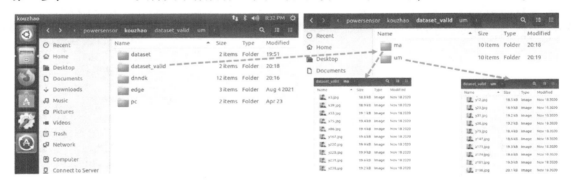

图 7-13　模型训练文件

其中，

- "dataset"文件夹：存放训练用的数据集。同学们需要将其替换成自己的数据，即数据采集环节得到的训练数据集。
- "dataset_valid"文件夹：存放验证集图片。同学们需要在每类数据集中随机选取 10 张图片，存放于此文件夹，用于后续验证模型训练效果。

- "dnndk"文件夹：存放模型转换的文件。
- "edge"文件夹：存放需要运行在 PowerSensor 的文件。
- "pc"文件夹：存放模型训练程序及配套文件。

第四步：对模型转换文件进行设置，如图 7-14 所示。设置完成后选择保存，此时就完成了虚拟机的部署。

图 7-14 设置模型转换文件

7.2.2 训练模型

运行模型训练程序步骤如图 7-15 所示。

图 7-15 运行模型训练程序

训练模型的过程在 Jupyter 中进行，依次点击代码执行。同学们只需要了解模型训练的大致过程即可。

第一步：导入库文件，如图 7-16 所示。

```
In [1]: import cv2
        import numpy as np
        import os
        import tensorflow as tf
        from tensorflow import keras
        import random
        import time
        import matplotlib.pyplot as plt
        from matplotlib.font_manager import FontProperties
        import matplotlib as mpl    # 让Matplotlib正确显示中文
        mpl.style.use('seaborn')
        font = FontProperties(fname="/home/powersensor/Documents/simhei.ttf")
        mpl.rcParams['axes.unicode_minus']=False      # 正常显示负号
        tf.enable_eager_execution()
```

图 7-16   导入库文件

第二步：进行一些重要的训练参数设置，主要对路径等参数进行说明，如图 7-17 所示。

```
In [2]: # 设置训练用的图像尺寸
        img_size_net = 128
        # 设置一次训练所选取的样本数，一般选择2的幂次，如4,8,16,32等
        batch_size = 32
        # 数据库路径
        dataset_path = '../dataset/'
        # 存放过程和结果的路径
        run_path = './run/'
        if not os.path.exists(run_path):
            os.mkdir(run_path)
        wordlist = ['戴口罩','未戴口罩']
        sorts_pathes = ['ma','um']

        # 存放转换后的tf数据集的路径
        dataset_tf_path_train = run_path + 'datasetTfTrain.tfrecords'
        dataset_tf_path_test = run_path + 'datasetTfTest.tfrecords'

        dataset_nums = 2520
        testSet_nums = 372
```

图 7-17   训练参数设置

第三步：生成 tensorflow 适用的训练数据集。原始采集的图片格式、尺寸大小可能会不同，这段程序可以将不同的图片转换成为统一的格式，如图 7-18 所示。

```
In [3]: def generate_dataset(raw_data_path, dataset_path):
            tick_begin = time.time()
            img_cnt = int(0)
            label_cnt = int(0)
            with tf.io.TFRecordWriter(dataset_path) as writer:
                for sort_path in sorts_pathes:
                    exp_list = os.listdir(raw_data_path + sort_path)
                    for img_name in exp_list:
                        img_path = raw_data_path + sort_path + "/" + img_name
                        img = cv2.imread(img_path)
                        img_scale = cv2.resize(img,(img_size_net, img_size_net), interpolation = cv2.INTER_CUBIC)
                        if not img is None:
                            feature = {
                                'img1':tf.train.Feature(bytes_list=tf.train.BytesList(value=[img_scale.tostring()])),
                                'label':tf.train.Feature(int64_list=tf.train.Int64List(value=[label_cnt]))
            #                   'label':tf.train.Feature(int64_list=tf.train.Int64List(value=[label_cnt]))
                            }
                            example = tf.train.Example(features=tf.train.Features(feature=feature))
                            writer.write(example.SerializeToString())
                            # 每隔50张打印一张图片
                            if img_cnt % 100 == 0:
                                print('The ', str(img_cnt), ' image')
                                plt.imshow(cv2.cvtColor(img_scale, cv2.COLOR_BGR2RGB))
                                plt.show()
                            img_cnt += 1
                        label_cnt = label_cnt + 1
                writer.close()
            tick_end = time.time()
            print('Generate the dataset complete! Experied ', str(tick_end - tick_begin), 'The count of example is ',
        str(img_cnt))
            print('The dataset is ', dataset_path)
            return img_cnt

        dataset_nums = generate_dataset(dataset_path + "./", dataset_tf_path_train)
```

图 7-18   生成 tensorflow 适用的训练数据集

第四步：数据集读取测试。测试上一步生成的数据集是否可以正常读取，如图 7-19 所示。此段程序可以省略不执行。

```
In [4]: def read_and_decode(example_proto):
            '''
            从TFrecord格式文件中读取数据

            '''
            image_feature_description  = {
                'img1':tf.io.FixedLenFeature([],tf.string),
                'label':tf.io.FixedLenFeature([1], tf.int64),
            }
            feature_dict = tf.io.parse_single_example(example_proto, image_feature_description)
            img1 = tf.io.decode_raw(feature_dict['img1'], tf.uint8)
            label = feature_dict['label']
            return img1, label
        dataset_train = tf.data.TFRecordDataset(dataset_tf_path_train)
        dataset_train = dataset_train.map(read_and_decode)

        # 2. 随机打印8个训练集测试图像
        dataset = dataset_train.shuffle(buffer_size=dataset_nums)
        dataSet = [x1 for x1 in dataset.take(10)]
        dataSet_img = np.array([x1[0].numpy() for x1 in dataSet])
        dataSet_img = dataSet_img.reshape((-1,img_size_net,img_size_net, 3)) / ((np.float32)(255.))
        dataSet_label = np.array([x1[1].numpy()[0] for x1 in dataSet])

        fig, ax = plt.subplots(3, 2)
        fig.set_size_inches(9,15)
        l = 0
        for i in range(3):
            for j in range(2):
                ax[i, j].imshow(cv2.cvtColor(dataSet_img[l], cv2.COLOR_BGR2RGB))
        #         ax[i, j].set_title(wordlist[dataSet_label[l]])
                title = wordlist[dataSet_label[l]]
                title_utf8 = title.decode('utf8')
                ax[i, j].grid(False)
                l += 1
        plt.tight_layout()
```

图 7-19　数据集读取测试

第五步：训练集和测试集准备。如图 7-20 所示，将第三步中生成的图片拿出大部分做训练，剩余的图片做验证，这样可以保证数据集和测试集不重合，更能验证训练模型的效果。

```
In [5]: # 打乱数据集
        dataset_all = dataset_train.shuffle(buffer_size=dataset_nums)
        # 分离训练集和测试集
        dataset_all_Set = [x1 for x1 in dataset_all.take(dataset_nums)]
        dataSet_img = np.array([x1[0].numpy() for x1 in dataset_all_Set])
        dataSet_img = dataSet_img.reshape((-1,img_size_net,img_size_net, 3)) / ((np.float32)(255.))
        dataSet_lable = np.array([x1[1].numpy()[0] for x1 in dataset_all_Set])

In [6]: dataset_nums = len(dataSet_lable)
        # 分离训练集和测试集
        trainSet_num = int(0.75 * dataset_nums)
        trainSet_img = dataSet_img[0 : trainSet_num, :, :, :]
        testSet_img = dataSet_img[trainSet_num : , :, :, :]
        trainSet_label = dataSet_lable[0 : trainSet_num]
        testSet_label = dataSet_lable[trainSet_num : ]

        # 3. 统计各种训练集中各种样本的数量
        print('数据集中各个样本的数量: ')
        l = []
        for x in dataSet_lable:
            l.append(wordlist[x])
        plt.hist(l, rwidth=0.5)
        plt.show()
```

图 7-20　训练集和测试集准备

第六步：进行深度学习网络模型预设计，包括卷积层、池化层、全连接层和输出层的设计，如图 7-21 所示。

```
In [7]: model = keras.Sequential([
            keras.layers.Conv2D(32, (3,3), padding="same", input_shape=(img_size_net, img_size_net, 3),
        name='x_input', activation=tf.nn.relu),
            keras.layers.MaxPooling2D(pool_size=(2,2)),
            keras.layers.Conv2D(64, (3,3), padding="same", activation=tf.nn.relu),
            keras.layers.MaxPooling2D(pool_size=(2,2)),
            keras.layers.Conv2D(128, (3,3), padding="same", activation=tf.nn.relu),
            keras.layers.MaxPooling2D(pool_size=(2,2)),
            keras.layers.Conv2D(128, (3,3), padding="same", activation=tf.nn.relu),
            keras.layers.MaxPooling2D(pool_size=(2,2)),
            keras.layers.Flatten(),
            keras.layers.Dense(50, activation=tf.nn.relu),
            keras.layers.Dropout(0.1),
            # 最后一个层决定输出类别的数量
            keras.layers.Dense(4, activation=tf.nn.softmax, name='y_out')
        ])
        model.compile(optimizer=tf.train.AdamOptimizer(0.001),
            loss='sparse_categorical_crossentropy',
            metrics=['accuracy'])
        model.summary()
```

图 7-21　深度学习网络模型预设计

第七步：神经网络训练。用训练数据集对预设计的深度学习网络模型进行训练，形成权重集，如图 7-22 所示。

```
In [8]: tick_start = time.time()
        history = model.fit(trainSet_img, trainSet_label, batch_size=batch_size, epochs=15,
        validation_data=(testSet_img, testSet_label))
        tick_end = time.time()
        print("Tring completed. Experied ", str(tick_end - tick_start))
```

图 7-22　神经网络训练

第八步：打印训练过程的精度的变化。这一步是为了直观地感受训练过程，我们可以看到随着训练的进行，精度越来越高，如图 7-23 所示。

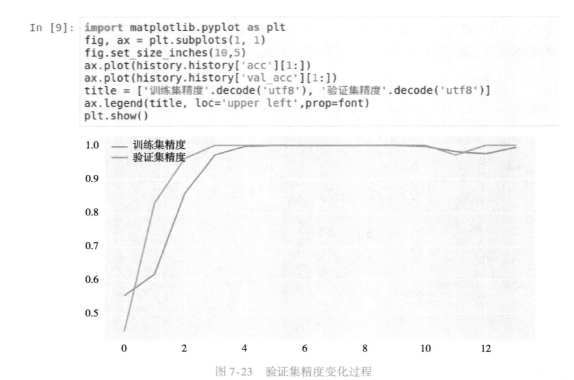

图 7-23　验证集精度变化过程

第九步：模型预测效果测试及精度评估。用测试集中的图片来验证模型预测的效果和精度，如图 7-24 所示。

```
In [10]:  fig, ax = plt.subplots(5, 2)
          fig.set_size_inches(15,15)
          for i in range(5):
              for j in range(2):
                  l = random.randint(0, len(testSet_label))
                  pdt_label_fre = model.predict(testSet_img[l:l+1])
                  pdt_label = np.argmax(pdt_label_fre, axis=1)
                  ax[i, j].imshow(cv2.cvtColor(np.array(testSet_img[l], dtype=np.float32), cv2.COLOR_BGR2RGB))
                  title = "预测: " + wordlist[pdt_label[0]] + "\n" + "真实: " + wordlist[testSet_label[l]]
                  title = title.decode('utf8')
                  ax[i, j].set_title(title, fontproperties=font)
                  ax[i, j].grid(False)
          plt.tight_layout()

In [11]:  # 使用tensorflow的函数评估精度
          res = model.evaluate(testSet_img, testSet_label)
          print('test set: ', res)
          res = model.evaluate(trainSet_img, trainSet_label)
          print('train set: ', res)
```

图 7-24　预测效果测试及精度评估

第十步：保存模型文件。如果模型预测测试效果不错的话，就可以保存训练模型了，后续就可以直接调用训练模型进行预测了，如图 7-25 所示。

```
In [12]:  model.save_weights(run_path + "model_weight.h5")
          json_config = model.to_json()
          with open(run_path + 'model_config.json', 'w') as json_file:
              json_file.write(json_config)
```

图 7-25　保存模型文件

第十一步：下面我们将通过加载训练的模型验证其预测效果。需要加载第十步保存的模型，如图 7-26 所示。

```
In [13]:  # 加载训练好的模型
          with open(run_path + 'model_config.json') as json_file:
              json_config = json_file.read()
              model_test = tf.keras.models.model_from_json(json_config)
          # Load weights
          model_test.load_weights(run_path + 'model_weight.h5')
          # model_test = tf.keras.models.load_model(run_path + "model.h5")
          model_test.compile(optimizer=tf.train.RMSPropOptimizer(0.001),
              loss='sparse_categorical_crossentropy',
              metrics=['accuracy'])
          model_test.summary()
```

图 7-26　加载训练模型

第十二步：加载用以验证的数据图片集，如图 7-27 所示。

```
In [14]: sorts_list = ['ma','um']
         img_size_net = 128
         CONV_INPUT = "conv2d_input"
         calib_batch_size = 20

         def load_valid_data(data_path):
             label_cnt = 0
             test_images = []
             test_lables = []
             for sort_path in sorts_list:
                 flower_list = os.listdir(data_path + sort_path)
                 for img_name in flower_list:
                     img_path = data_path + sort_path + "/" + img_name
                     img = cv2.imread(img_path)
                     img_scale = cv2.resize(img,(img_size_net, img_size_net), interpolation = cv2.INTER_CUBIC)
                     if not img is None:
                         test_images.append(img_scale / 255.)
                         test_lables.append(label_cnt)
                 label_cnt += 1
             return test_images, test_lables

         dataset_valid_path = '../dataset_valid/'
         (validSet_images, validSet_lables) = load_valid_data(dataset_valid_path)
         validSet_images = np.array(validSet_images)
         validSet_lables = np.array(validSet_lables)
         def calib_input(iter):
             images = []
             for index in range(0, calib_batch_size):
                 images.append(validSet_images[index])

             return {CONV_INPUT: images}
```

图 7-27　加载验证数据集

第十三步：使用训练的模型预测测试样本，如图 7-28 所示。预测效果如图 7-29 所示，可以看到本次训练模型的预测效果很不错。

```
In [15]: fig, ax = plt.subplots(2, 5)
         fig.set_size_inches(15,15)

         for i in range(2):
             for j in range(5):
                 l = np.random.randint(len(validSet_lables))
                 pdt_label_fre = model_test.predict(np.expand_dims(validSet_images[l], axis=0))
                 pdt_label = np.argmax(pdt_label_fre, axis=1)
                 ax[i,j].imshow(cv2.cvtColor(np.array(validSet_images[l], dtype=np.float32), cv2.COLOR_BGR2RGB))
                 ax[i, j].grid(False)
                 title = "预测: " + wordlist[pdt_label[0]] + "\n" + "真实: " + wordlist[validSet_lables[l]]
                 title = title.decode('utf8')
                 ax[i, j].set_title(title, fontproperties=font)
                 l += 1
         plt.tight_layout()
```

图 7-28　对测试样本进行预测

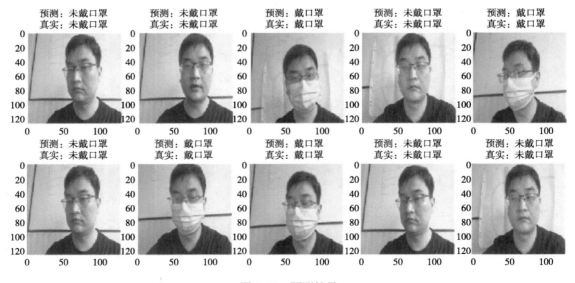

图 7-29　预测结果

第十四步：模型转换。将第十步中保存的模型转换为 PowerSensor 可以使用的模型，主要是将训练生成的浮点模型转换为定点模型，可以加快预测速度，如图 7-30 所示。

```
In [16]:  !cp run/model_config.json run/model_weight.h5 ../dnndk
          !cd '../dnndk';pwd;../dnndk/1_vitisAI_keras2frozon.sh
          !cd '../dnndk';pwd;../dnndk/2_vitisAI_tf_quantize.sh
          !cd '../dnndk';pwd;../dnndk/3_vitisAI_tf_compile.sh
```

图 7-30　模型转换

第十五步：复制模型文件。转换后的模型被保存在 /Home/powersensor/kouzhao/dnndk/compile_result 目录下，我们将其复制到计算机桌面，如图 7-31 所示。

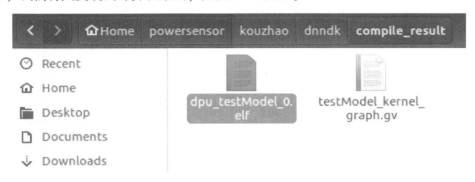

图 7-31　复制模型文件

上面展示了一个比较严谨的包含多次测试的深度学习模型训练过程，如果想快速地训练模型，只需执行上述第一、二、三、五、六、七、十、十四和十五步就可以实现。

7.3　识别应用

有了口罩识别的模型文件，接下来我们就可以通过加载该模型文件，让视频识别模块具备判断测试者是否佩戴口罩的能力了。

7.3.1　加载文件

我们连接好视频识别模块，将训练好的模型文件"dpu_testModel_0.elf"和"识别处理.ipynb"程序文件，上传到"口罩识别"文件夹中，如图 7-32 所示。

Duplicate	Move	View	Edit				Upload	New ▾	⟳
▬ 2 ▾ ▪ / 口罩识别						Name ↓	Last Modified		File size
▢							几秒前		
▢ 🗀 run							1 年前		
▢ 🗎 数据采集.ipynb							1 年前		45 kB
☑ 🗎 识别处理.ipynb							1 年前		902 kB
☑ ▢ dataset_valid.zip							1 年前		384 kB
▢ ▢ dpu_testModel_0.elf							1 年前		677 kB

图 7-32　加载文件

7.3.2　口罩识别

打开"识别处理.ipynb"程序文件，依次执行导入库、重要参数设置、加载网络模型，如图 7-33 ~ 图 7-35 所示。

```
In [1]:   from dnndk import n2cube              # 部署DPU
          import numpy as np                    # 导入numpy数据计算库
          from numpy import float32             # 导入单精度浮点型数据库
          import cv2                            # 导入OpenCV计算机视觉库
          import matplotlib.pyplot as plt       # 导入2D绘图库（x, y轴）
          import time                           # 导入时间模块
          import matplotlib as mpl              # 导入可视化扩展库
          from matplotlib import font_manager   # 导入字体属性模块
          import PowerSensor as ps              # 导入PowerSensor视频识别模块
          from IPython.display import clear_output  # 导入图片显示库
```

图 7-33　导入库文件

```
In [2]:   img_size_net = 128                    # 设置训练用的图像尺寸为128
          batch_size = 32                       # 设置一次训练所选取的样本数为32

          wordlist = ['dkz', 'wdkz']            # 设置关键词列表，'dkz'表示'戴口罩'，'wdkz'表示'未戴口罩'

          # DPU网络参数设置。输入数据格式为Conv2D，输出数据格式为MatMul
          ELF_NAME = "dpu_testModel_0.elf"
          CONV_INPUT_NODE = "x_input_Conv2D"
          CONV_OUTPUT_NODE = "y_out_MatMul"
```

图 7-34　重要参数设置

```
In [3]:   dpu1 = ps.DpuHelper()
          dpu1.load_kernel(ELF_NAME, input_node_name=CONV_INPUT_NODE, output_node_name=CONV_OUTPUT_NODE)  # 加载网络模型

          INFO:root:DPU: Open dpu!
          INFO:root:DPU: load dpu kernel!
          INFO:root:DPU: get dpu input64.0, 128, 128.
```

图 7-35　加载网络模型

最后借助视频识别模块自带的摄像头进行拍照预测，如图 7-36 所示。

```
In [4]:   cam1 = ps.ImageSensor()    # 初始化摄像头
```

```
In [5]:   for i in range(100):                              # 循环100次
              start = time.time()                           # 记录开始时间
              clear_output(wait=True)                       # 清除图片，在同一位置显示，不使用会打印多张图片
              imgMat = cam1.read_img_ori()                  # 读入图像
              imgShow = cv2.resize(imgMat, (320, 240))      # 缩小图像尺寸为320×240

              tempImg = cv2.resize(imgMat, (128, 128))      # 图像缩放，太大的图像显示会浪费资源
              img_scale = tempImg / 255.                    # 缩小数值
              img_scale = np.array(img_scale, dtype=np.float32)  # 把img_scale列表转化为数组
              softmax = dpu1.predit_softmax(img_scale)      # DPU训练模型预测
              pdt = np.argmax(softmax, axis=0)              # 将预测结果赋值给变量pdt
              font=cv2.FONT_HERSHEY_SIMPLEX                 # 设置字体格式
              cv2.putText(imgShow, wordlist[pdt], (30, 30), font, 1, (0, 0, 255), 2)  # 显示预测结果

              img = ps.CommonFunction.show_img_jupyter(imgShow)  # 显示图片
              end = time.time()                             # 记录结束时间
              print(end - start)                            # 显示间隔时间
              time.sleep(0.1)                               # 暂停0.1秒
```

图 7-36　拍照预测程序

部分预测结果如图 7-37 所示。通过测试我们发现，在测试背景和环境光线与采集图像数据变化不大时，加载了该训练模型的视频识别模块可以很好地预测测试者是否佩戴口罩。

0.258710861206　　　　　　　　　　　　　　0.267371177673

图 7-37　部分拍照预测结果

本章小结与评价

本章主要借助视频识别模块，完成了口罩识别项目的设计，让视频识别模块具备判断测试者是否佩戴口罩的能力。在项目设计的过程中，带领同学们完整地体验了深度学习项目中数据采集、模型训练和识别应用三个核心环节，指导学生们理解各环节程序编写的原理及背后的逻辑，让同学们对计算机是如何学习这一问题有了更深的理解。

根据自己掌握情况填写表 7-1 自评部分，小组成员相互填写互评部分。

（A. 非常棒；B. 还可以；C. 一般。在对应的等级打"√"）

表 7-1　本章评价表

评价方向	评价内容	自评			互评		
		A	B	C	A	B	C
基础知识	能描述深度学习项目的简易流程						
	能理解模型训练的过程及技术原理						
	能理解识别应用的实现原理						
核心技能	能够利用视频识别模块，独立完成数据采集过程						
	能够独立完成虚拟机的部署						
	能够完成识别应用的程序编辑						
学习品质	愿意和小组成员一起合作完成任务						
	会自觉整理硬件套件并归回原位						
	尊重他人意见，乐于与老师和同学分享、讨论						

第 8 章

口罩识别门禁系统设计

学习目标

☑ 1. 能描述 Arduino 的基本概念。

☑ 2. 能独立编写按钮控制开关门的程序，并完成对应硬件的连接。

☑ 3. 能理解口罩识别门禁系统的所有程序，并完成对应硬件的连接。

☑ 4. 能独立完成 OFFLINE 模式的配置，实现口罩识别门禁系统的离线运行。

8.1 Arduino 开源硬件简介

在第 7 章中，我们让视频识别模块具备了判断测试者是否佩戴口罩的能力，本节将在此基础上设计一款口罩识别门禁系统：当检测到有人靠近时，口罩识别门禁系统会语音提醒测试者对准摄像头进行视频识别；当识别到测试者佩戴口罩时，将自动打开门；当识别到测试者没有佩戴口罩时，将语音提醒其佩戴好口罩后再进行识别。要想实现这些功能，我们需要借助 Arduino 开源硬件。

8.1.1 什么是 Arduino

Arduino 是一款便捷灵活、方便上手的开源电子原型平台，包含硬件（各种型号的 Arduino 开发板）和软件（Arduino IDE），由一个欧洲开发团队于 2005 年开发。

8.1.2 常用 Arduino 开发板

1. Arduino UNO 开发板

Arduino UNO 开发板是基础版，适用于初学者，如图 8-1 所示。

图 8-1　Arduino UNO 开发板

2. Arduino Nano 开发板

Arduino Nano 开发板的特点是小巧、价格适中，适合体积小的产品使用，如图 8-2 所示。

图 8-2　Arduino Nano 开发板

3. Arduino 101 开发板

Arduino 101 开发板运算性能强大，适用于穿戴设备的开发、机器学习，价格较高，如图 8-3 所示。

图 8-3　Arduino 101 开发板

本书使用的是 Arduino UNO 开发板。

8.1.3　Arduino 扩展板

Arduino 扩展板通常具有和 Arduino 开发板一样的引脚位置，可以堆叠接插到 Arduino 上，进而实现特定功能的扩展。在面包板上接插元器件固然方便，但需要有一定的电子知识来搭建各种电路，而使用扩展板可以在一定程度上简化电路搭建的过程，更方便地搭建出个性化的项目。

本书使用的 IO 扩展板是最常用的 Arduino 外围硬件之一，只需要通过连接线把各种模块接插到扩展板上即可，如图 8-4 所示。

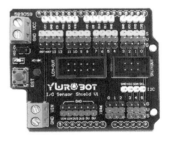

图 8-4　IO 扩展板

8.1.4　Arduino IDE 编程软件

Arduino 编程软件如图 8-5 所示。

由于 Arduino 编程软件是基于 C ++ 的软件，对很多初学者来说不宜上手，所以后来开发出了很多基于 Arduino 的图形化编程软件，包括 Ardublock、Mblock、S4A、Mixly 等。本书中我们使用 Mixly 编程软件。

图 8-5　Arduino 编程软件

Mixly 软件的打开界面如图 8-6 所示。左侧为模块分类区；中间为编程区域；右侧分别对应程序居中、程序块放大、程序块缩小及删除；底部灰色工具栏为功能菜单；最下方为信息显示区域。

图 8-6　Mixly 软件界面

8.1.5　常见传感器与执行器

Arduino 能通过各种各样的传感器来感知环境，通过控制各种执行器（灯光、电动机和其他装置）来反馈、影响环境。图 8-7 展示了几种常见的传感器与执行器。

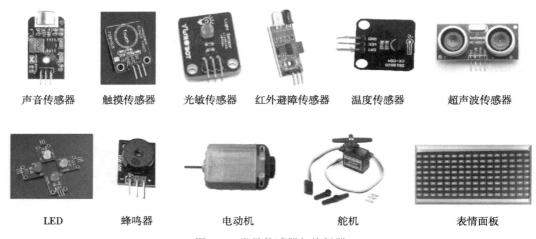

图 8-7　常见传感器与执行器

8.2　项目分析及硬件选择

8.2.1　产品功能流程图

根据口罩识别门禁系统的功能要求，我们绘制了其产品功能流程图，如图 8-8 所示。

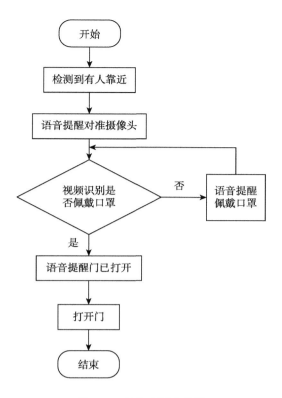

图 8-8　产品功能流程图

8.2.2　硬件选择

根据口罩识别门禁系统的功能要求，我们选择了本产品所需的硬件，见表 8-1。

表 8-1　口罩识别门禁系统硬件清单

序号	硬件名称	功能描述	硬件图示
1	超声波测距传感器	测量障碍物距离传感器，检测是否有人靠近	
2	YX5300 MP3 播放模块	自定义语音提醒播放模块	
3	MG90S 舵机	角度变化控制执行器，控制门的开关	

（续）

序号	硬件名称	功能描述	硬件图示
4	视频识别模块	视频识别模块，判断测试者是否佩戴口罩	
5	Arduino UNO 控制板	产品的控制处理中心	
6	IO 扩展板	Arduino UNO 配套扩展板，增加接线端口数量	

8.3 程序设计及硬件连接

为了便于同学们的理解掌握，我们将本项目的程序分成三步进行设计：开关门功能设计、口罩识别门禁功能设计和语音提醒功能设计。

8.3.1 开关门功能设计

第一步：设计按钮开关门的功能。当按钮按下后，门会打开，5s 后门自动关闭。如图 8-9 所示，我们将按钮模块连接到 Arduino 控制板的 D10 引脚，将舵机连接到 D3 引脚。

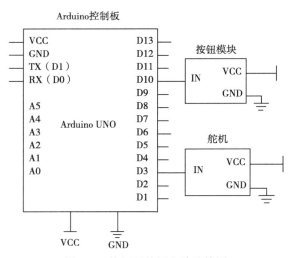

图 8-9　按钮开关门电路连接图

第二步：按钮开关门的 Mixly 程序，如图 8-10 所示。舵机的初始角度为 90°，此时门为关闭状

108

态。当按钮按下后，舵机角度旋转到 0°时，控制门打开，暂停 5s 以后门自动关闭。

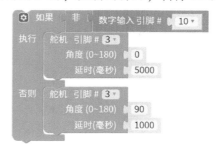

图 8-10 按钮开关门的 Mixly 程序

8.3.2 口罩识别门禁功能设计

接下来设计口罩识别门禁的功能：当识别到测试者佩戴口罩后，门会自动打开；当识别到测试者未戴口罩后，门保持关闭。要想实现口罩识别门禁功能，需要将视频识别模块判断的结果，通过串口通信的方式传输给 Arduino 控制板。下面，我们先来实现通过串口通信控制开关门，然后再完成口罩识别门禁功能的设计。

1. 串口通信控制开关门

（1）视频识别模块程序

连接视频识别模块，在根目录下上传"串口通信"程序，打开程序，如图 8-11 所示。

```
In [1]:  import PowerSensor as ps        # 导入PowerSensor视频识别模块

In [2]:  s1 = ps.UsartPort()              # 串口初始化设置
         s1.set_baudrate(115200)          # 串口波特率设置，默认为115200，只需要设置一次

In [3]:  s1.u_print('hello world!\n')     # 发送字符串数据 'hello world!' 并换行

In [4]:  s1.u_send_bytes([1, 3, 5, 7])    # 发送字节数组数据 '1,3,5,7'

In [5]:  s1.u_send_bytes([1])             # 发送字节数据 '1'

In [6]:  s1.u_send_bytes([2])             # 发送字节数据 '2'
```

图 8-11 视频识别模块串口通信示例

图 8-11 中展示了视频识别模块串口通信的初始化设置、波特率设置方式，以及通过串口通信发送字符串数据、字节数组数据和字节数据的程序示例。

（2）Arduino 控制板程序

当 Arduino 控制板通过串口通信接收到视频识别模块发送的字节数据"1"时，将控制舵机角度旋转到 0°，此时门打开，暂停 5s 以后门自动关闭。当接收到字节数据"2"时，将控制舵机角度旋转到 90°，此时门关闭。程序代码如图 8-12 所示，我们将该程序上传到 Arduino 控制板。

（3）硬件连接及功能测试

程序上传完成后，我们通过配套的数据连接线，将视频识别模块和 Arduino 控制板进行连接，连接方式如图 8-13 所示。

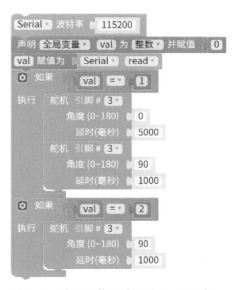

图 8-12 串口通信开关门的 Mixly 程序

利用配套连接线将Arduino扩展板与视频识别模块连接。接线方式为GND接GND（黑线）、RXD接TXD0（绿线）、TXD接RXD0（黄线），T和R端口要反接。VCC与3V3不连接。

PowerSensor 默认串口引脚参数

引脚号	1	2	3	4
功能	TXD0	RXD0	GND	3V3

图 8-13　硬件连接方式

硬件连接完成后，同学们可以通过图 8-11 所示程序，发送串口数据测试是否可以控制门的开关。

注意：本项目中，我们会分别给 Arduino 控制板和视频识别模块供电，因此 Arduino 扩展板上的 VCC 和视频识别模块中的 3V3 引脚不需要连接。此外，我们是通过串口通信给 Arduino 控制板上传 Mixly 程序，因此为了避免串口通信冲突，在上传 Mixly 程序时，Arduino 控制板和视频识别模块的串口连接线需要断开。

2. 口罩识别门禁功能设计

（1）视频识别模块程序

为了提高口罩识别的效率，我们将程序设计成当视频识别模块检测到测试者的人脸时，再进行判断其是否佩戴口罩。结合本书第 5 章人脸检测和第 7 章口罩识别应用的程序，我们完成了视频识别模块的程序设计。下面将口罩识别门禁程序、人脸检测分类器文件和训练好的口罩识别模型文件，统一上传到视频识别模块根目录下，如图 8-14 所示。

> C △ ☆ 192.168.8.8/tree?	ꞓ ꞓ ∨ ⑤ · 在此搜索	Q 🎮 📖 ↓ ✂ · ⤴ · ◐ +	
ꞓ Jupyter			Quit　Logout
☑ 📓 口罩识别门禁系统.ipynb		1 年前	8.71 kB
☐ 🗋 cat.jpg		1 年前	38 kB
☑ 🗋 dpu_testModel_0.elf		1 年前	677 kB
☐ 🗋 fang.jpg		1 年前	15.5 kB
☐ 🗋 haarcascade_eye.xml		1 年前	341 kB
☐ 🗋 haarcascade_frontalcatface.xml		1 年前	411 kB
☑ 🗋 haarcascade_frontalface_alt.xml		1 年前	677 kB

图 8-14　上传程序及模型文件

（2）Arduino 控制板程序

Arduino 控制板程序如图 8-12 所示。

（3）硬件连接及功能测试

将视频识别模块和 Arduino 控制板进行连接，打开"口罩识别门禁系统"程序，如图 8-15 所示。依次运行程序，测试是否可以实现口罩识别门禁功能。

```
In [1]: from dnndk import n2cube                          # 部署DPU
        import numpy as np                                # 导入numpy数据计算库
        from numpy import float32                         # 导入单精度浮点型数据库
        import cv2                                        # 导入OpenCV计算机视觉库
        import matplotlib.pyplot as plt                   # 导入2D绘图库（x，y轴）
        import time                                       # 导入时间模块
        import matplotlib as mpl                          # 导入可视化扩展库
        from matplotlib import font_manager              # 导入字体属性模块
        import PowerSensor as ps                          # 导入PowerSensor视频识别模块
        from IPython.display import clear_output          # 导入图片显示库
```

```
In [2]: s1 = ps.UsartPort()                               # 串口初始化设置
        s1.set_baudrate(115200)                           # 串口波特率设置，默认为115200
        img_size_net = 128                                # 设置训练用的图像尺寸为128
        batch_size = 32                                   # 设置一次训练所选取的样本数为32
        wordlist = ['dkz', 'wdkz']                        # 设置关键词列表，'dkz'表示'戴口罩'，'wdkz'表示'未戴口罩'

        # DPU网络参数设置。输入数据格式为Conv2D，输出数据格式为MatMul
        ELF_NAME = "dpu_testModel_0.elf"
        CONV_INPUT_NODE = "x_input_Conv2D"
        CONV_OUTPUT_NODE = "y_out_MatMul"
```

```
In [3]: # 加载网络模型
        dpu1 = ps.DpuHelper()
        dpu1.load_kernel(ELF_NAME, input_node_name=CONV_INPUT_NODE, output_node_name=CONV_OUTPUT_NODE)
```

```
In [4]: cam1 = ps.ImageSensor()                           # 初始化摄像头
```

```
In [5]: # 加载分类。注意分类器文件（.xml文件）需要与人脸检测程序文件在同一个文件夹下
        classifier=cv2.CascadeClassifier("haarcascade_frontalface_alt.xml")
        for i in range(100):                              # 循环100次
            start = time.time()                           # 记录开始时间
            clear_output(wait=True)                       # 清除图片，在同一位置显示，不使用会打印多张图片
            imgMat = cam1.read_img_ori()                  # 读入图像
            imgShow = cv2.resize(imgMat, (320,240))       # 缩小图像尺寸为320×240
            image=cv2.cvtColor(imgShow, cv2.COLOR_BGR2GRAY) # 将BGR彩色图转换为灰度图
            cv2.equalizeHist(image)                       # 将图片均衡化

            # 使用detectMultiScale函数进行人脸检测
            faceRects=classifier.detectMultiScale(image, 1.1, 2, cv2.CASCADE_SCALE_IMAGE)

            if len(faceRects)>0:                          # 如果检测到人脸
                for faceRect in faceRects:
                    x,y,w,h=faceRect   # 将检测到的人脸左上角坐标、宽度、高度四个值分别赋值给x, y, w, h四个变量
                    cv2.circle(imgShow, (x+w/2, y+h/2), min(w/2,h/2), (0,0,255)) # 将检测到的人脸用红色圆形标记

                tempImg = cv2.resize(imgMat, (128,128))   # 图像缩放。太大的图像显示会浪费资源
                img_scale = tempImg / 255                 # 缩小数值
                img_scale = np.array(img_scale, dtype=np.float32) # 把img_scale列表转化为数组
                softmax = dpu1.predit_softmax(img_scale)  # DPU训练模型预测
                pdt= np.argmax(softmax, axis=0)           # 将预测结果赋值给变量pdt
                font=cv2.FONT_HERSHEY_SIMPLEX             # 设置字体格式
                cv2.putText(imgShow, wordlist[pdt], (30,30), font, 1, (0,0,255), 2) # 显示预测结果
                if wordlist[pdt] == 'dkz':                # 如果识别结果是'dkz'戴口罩
                    s1.u_send_bytes([1])                  # 串口发送字节数据 '1'
                    time.sleep(7)                         # 暂停7秒
                if wordlist[pdt] == 'wdkz':               # 如果识别结果是'wdkz'未戴口罩
                    s1.u_send_bytes([2])                  # 串口发送字节数据 '2'
                    time.sleep(7)                         # 暂停7秒

            img = ps.CommonFunction.show_img_jupyter(imgShow) # 显示图片
            end = time.time()                             # 记录结束时间
            print(end - start)                            # 显示间隔时间
            time.sleep(0.1)                               # 暂停0.1秒
```

图 8-15 口罩识别门禁系统视频识别模块程序

8.3.3　语音提醒功能设计

本项目使用 YX5300 MP3 播放模块来实现语音提醒功能，借助超声波传感器实现测试者靠近检测。根据图 8-8 所示产品功能流程图的设计，当超声波传感器检测到有人靠近时，会触发 Arduino 控制板控制 MP3 播放模块播放第一段提示音"请对准摄像头，进行口罩识别"；当测试者对准摄像头后，视频识别模块会进行口罩识别，当识别到来人佩戴口罩时，视频识别模块会发送数据"1"给 Arduino 控制板，Arduino 控制板控制 MP3 播放模块播放第二段提示音"门已打开，请进"，同时控制舵机打开门；当识别到来人未佩戴口罩时，视频识别模块会发送数据"2"给 Arduino 控制板，Arduino 控制板控制 MP3 播放模块播放第三段提示音"请佩戴好口罩后，再进行口罩识别"。电路连接图，如图 8-16 所示。

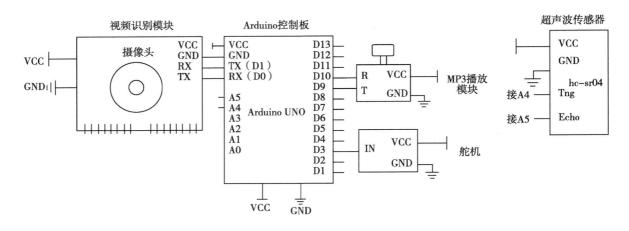

图 8-16　口罩识别门禁系统电路连接图

1. 视频识别模块程序

视频识别模块程序如图 8-15 所示。

2. Arduino 控制板程序

首先，利用语音合成工具或其他文字转音频工具，将 3 段提示音保存成 MP3 文件，并分别命名为"001. MP3""002. MP3"和"003. MP3"。

然后，将这 3 段音频复制到 MP3 播放模块配套的 SD 卡中，随后将 SD 卡插入 MP3 播放模块，并打开配套音箱开关。

最后，将 MP3 播放模块连接到 Arduino 控制板的 D9、D10 引脚，将超声波传感器连接到 A4、A5 引脚。上传 Mixly 程序代码（需在 Mixly 软件里提前加载配套的"创璞教育"库文件，添加 YX5300 MP3 播放模块的代码控制模块），如图 8-17 所示。

连接视频识别模块和 Arduino 控制板，测试是否可以实现口罩识别门禁系统的语音提醒功能。

8.3.4　离线模式设计

口罩识别门禁系统的程序测试完成后，需要让该系统能脱离计算机离线运行，成为一个独立的产品。我们需要将人脸检测分类器文件和训练好的口罩识别模型文件上传到视频识别模块"powersensor_workspace"目录下，如图 8-18 所示。

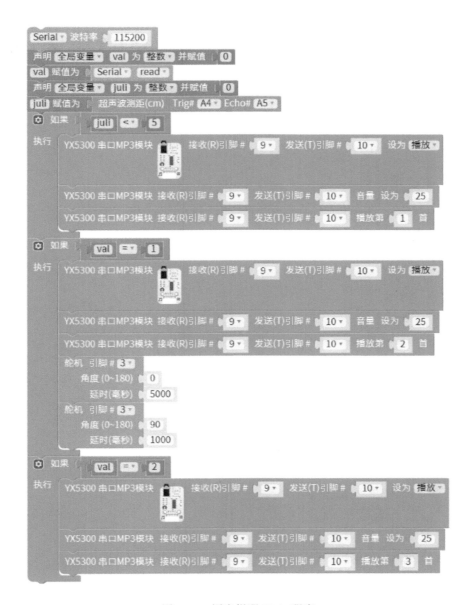

图 8-17 语音提醒 Mixly 程序

	powersensor_workspace	Name ↓	Last Modified	File size
	□ ..		几秒前	
□	□ 0.quick_start		1 年前	
□	□ 1.visual_basic		2 年前	
□	□ 2.visual_demo		2 年前	
□	□ 3.extend_module		2 年前	
□	□ 4.powersensor_ai		2 年前	
□	□ img		2 年前	
☑	□ dpu_testModel_0.elf		1 年前	677 kB
☑	□ haarcascade_frontalface_alt.xml		1 年前	677 kB

图 8-18 上传模型文件

运行"powersensor_workspace"目录下的"offline. py"程序。将图 8-15 所示的"口罩识别门禁

系统 . ipynb"程序，依次复制到该 Python 程序中，并将程序中的中文全部用英文或字母代替，删除所有注释。为提高程序执行效率，删除图像显示命令，并将循环次数设置成 100 000 次或无限次。最终程序如图 8-19 所示。

```
1   print("offline mode start...")
2
3   from dnndk import n2cube
4   import numpy as np
5   from numpy import float32
6   import cv2
7   import matplotlib.pyplot as plt
8   import time
9   import matplotlib as mpl
10  from matplotlib import font_manager
11  import PowerSensor as ps
12  from IPython.display import clear_output
13  s1 = ps.UsartPort()
14  s1.set_baudrate(115200)
15  img_size_net = 128
16  batch_size = 32
17  wordlist = ['dkz', 'wdkz']
18  ELF_NAME = "dpu_testModel_0.elf"
19  CONV_INPUT_NODE = "x_input_Conv2D"
20  CONV_OUTPUT_NODE = "y_out_MatMul"
21  dpu1 = ps.DpuHelper()
22  dpu1.load_kernel(ELF_NAME, input_node_name=CONV_INPUT_NODE, output_node_name=CONV_OUTPUT_NODE)
23
24  cam1 = ps.ImageSensor()
25  classifier=cv2.CascadeClassifier("haarcascade_frontalface_alt.xml")
26  for i in range(100):
27      start = time.time()
28      clear_output(wait=True)
29      imgMat = cam1.read_img_ori()
30      imgShow = cv2.resize(imgMat, (320,240))
31      image=cv2.cvtColor(imgShow, cv2.COLOR_BGR2GRAY)
32      cv2.equalizeHist(image)
33      faceRects=classifier.detectMultiScale(image,1.1,2,cv2.CASCADE_SCALE_IMAGE)
34      if len(faceRects)>0:
35      for faceRect in faceRects:
36          x,y,w,h=faceRect
37          cv2.circle(imgShow,(x+w/2,y+h/2),min(w/2,h/2),(0,0,255))
38      tempImg = cv2.resize(imgMat, (128,128))
39      img_scale = tempImg / 255
40      img_scale = np.array(img_scale, dtype=np.float32)
41      softmax = dpu1.predit_softmax(img_scale)
42      pdt= np.argmax(softmax, axis=0)
43      font=cv2.FONT_HERSHEY_SIMPLEX
44      cv2.putText(imgShow,wordlist[pdt], (30,30), font, 1,(0,0,255),2)
45      if wordlist[pdt] == 'dkz':
46          s1.u_send_bytes([1])
47          time.sleep(7)
48      if wordlist[pdt] == 'wdkz':
49          s1.u_send_bytes([2])
50          time.sleep(7)
51  time.sleep(0.1)
```

图 8-19　offline 程序

在"powersensor_workspace"目录下，新建"offline 测试 . ipynb"程序文件，在该程序中输入"% run offline. py"代码，执行该代码。如果执行结果并没有报错，说明视频识别模块"offline. py"程序运行正常，如图 8-20 所示。如果报错，需根据提示进行调整。

```
In [*]:  %run offline.py


In [ ]:
```

图 8-20　offline 测试程序正常运行效果图

"offline 测试 .ipynb" 程序运行正常后，关闭该程序，断掉视频识别模块电源，然后将模式开关拨到 "OFFLINE" 模式，如图 8-21 所示。

将视频识别模块和 Arduino 控制板进行连接，分别给视频识别模块和 Arduino 控制板供电，此时视频识别模块摄像头上的指示灯亮绿色，表示已经开启离线（OFFLINE）模式。此时，我们可以测试下该作品是否能够完整地实现口罩识别门禁系统的设计要求。

最后，同学们可以借助激光切割机、3D 打印机等工具，为本产品设计外观和结构件，完成最终的口罩识别门禁系统产品搭建。

图 8-21 OFFLINE 模式

本章小结与评价

本章主要借助 Arduino 开源硬件和视频识别模块，完成了口罩识别门禁系统项目的设计。在项目设计的过程中，带领同学们了解了 Arduino 开源硬件和 Mixly 模块化编程相关知识，指导同学们完成了视频识别模块与 Arduino 开发板的串口通信、离线（OFFLINE）模式的程序设计及硬件连接方式，让同学们完整体验了一款人工智能产品的设计过程。

根据自己掌握情况填写表 8-2 自评部分，小组成员相互填写互评部分。

（A. 非常棒；B. 还可以；C. 一般。在对应的等级打 "√"）

表 8-2 本章评价表

评价方向	评价内容	自评			互评		
		A	B	C	A	B	C
基础知识	能描述 Arduino 的基本概念						
	能理解串口通信的技术原理						
	能理解口罩识别门禁系统的程序逻辑						
核心技能	能独立编写按钮控制开关门的程序，并完成对应硬件的连接						
	能理解口罩识别门禁系统的所有程序，并完成对应硬件的连接						
	能独立完成 OFFLINE 模式的配置，实现口罩识别门禁系统的离线运行						
学习品质	愿意和小组成员一起合作完成任务						
	会自觉整理硬件套件并归回原位						
	尊重他人意见，乐于与老师和同学分享、讨论						

主题四
人工智能创新实践

　　创新源于生活，同学们只要留心观察，就会发现学习、生活中还存在很多不方便、不称心的地方。之前，"创意火花"仅仅一闪而过，现在，可以借助所学的人工智能及开源硬件相关知识技能，尝试去设计一些实用的智能产品来解决问题。

　　本主题将带领同学们体验从"创意"到"产品"的全过程，掌握智能产品设计制作的相关技能。

第9章

智能产品创新设计

- ☑ 1. 了解产品设计的一般过程。
- ☑ 2. 掌握发现与描述问题的技巧。
- ☑ 3. 掌握制定设计方案的方法。
- ☑ 4. 掌握产品的制作与测试展示的方法。

9.1 发现及描述问题

在之前的章节中，我们学习了视频识别及 Arduino 开源硬件相关的软硬件知识技能。本节我们将带领同学们学以致用，体验从发现问题到完成智能产品设计的全过程。

9.1.1 产品设计的一般过程

留心观察，同学们就会发现学习、生活中存在各种各样的问题，这其中有社会问题、科学问题、技术问题等。本节带领同学们讨论的是技术方面的问题，即通过设计智能产品来解决学习生活中遇到的技术问题。

如图 9-1 所示，产品设计的一般过程主要包括：发现及描述问题、制定设计方案、制作模型或原型、测试评估优化、展示产品效果和总结心得与体会 6 个环节。

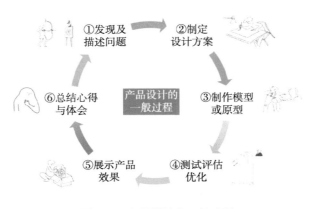

图 9-1 产品设计的一般过程

9.1.2 什么是好问题

要想设计创新实用的智能产品，首先要能发现好问题。那么什么是好问题呢？同学们可以根据"三个是否"标准来对问题进行初步的判断，如图9-2所示。

此外，作为中小学生，在选择问题时还需满足以下两个原则。

1）**自发性原则**。选择的问题应体现研究者本人的兴趣，符合自己具备的知识水平和所处的环境条件，在听取他人提供的选题意见时，要认真思考做该项目研究是否是最佳的选择。所选问题应该依据青少年自己的兴趣、经历、背景选择，具有个性化特点、符合研究规律。

图 9-2 好问题的判断标准

（三个是否：是否是实际问题？ 是否当前可以解决？ 是否值得解决？（价值性、创新性））

2）**科学性原则**。选择的问题必须以先进的科学理论和科学事实作为依据，包括选题的指导思想，分析变量和自变量的方法，运用比较分析的方法，确定研究课题的过程。

9.1.3 如何发现问题

本书总结了 5 种常用的发现问题的方法，供同学们参考。

1. 需求感知法

从社会现实问题的难点中选题，选择当前的社会现实问题、热点问题，如北京冬奥会、疫情防控、交通安全、运动健康等。锻炼学生把一般问题转化为科学问题，从科学的角度把问题概念转化为研究课题的能力。下面列举了一些相关的作品示例，如图9-3 ~ 图9-6 所示。

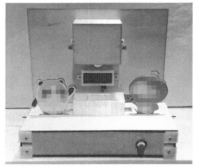
冬奥智能禁烟装置

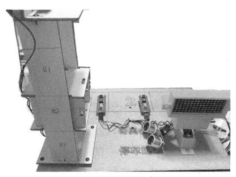
冬奥智能停车场

图 9-3 冬奥会主题学生作品

智能防疫消毒快递收发装置

智能防疫电梯

图 9-4 疫情防控主题学生作品

疲劳驾驶监测仪　　　　　　　　　　防酒驾监测机器人

图 9-5　交通安全主题学生作品

运动伤害急救智能助手　　　　　　　　　　解压机器人

图 9-6　运动健康主题学生作品

2. 偶然发现法

科学发现常常是偶然发生。人们在生活中有时会遇到一些意想不到的发现，这种发现积累到一定程度就可以作为研究的课题。同学们可以通过留心观察社区、学校、家庭中不方便、不便利、不环保等方面的问题，从而找到进一步研究的方向。下面列举了一些相关的作品示例，如图 9-7 ~图 9-9所示。

智能文物防护机器人　　　　　　　　　　无接触取外卖架

图 9-7　社区生活主题学生作品

智能教学助手

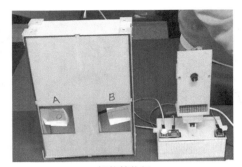
智能储物柜

图 9-8　校园生活主题学生作品

智能浇花装置

智能厨房助手

图 9-9　家庭生活主题学生作品

3. 案例延伸法

案例延伸法指从已有选题或案例中延伸拓展，进而发现新的研究方向。2020 年，国家鼓励地摊经济，有一组同学发现一些摊主经常忙不过来，有时候还会因为算错账等引起一些纠纷，为此，该组同学设计了一款集报价、称重、算账功能为一体的智能地摊售卖机器人。之后，有另外一组同学受此案例启发，想到了超市里购买蔬菜、水果等农产品时需要先排队称重、贴条码标签，然后还需要再去排队结账，这样既浪费消费者的时间，又增加了超市工作人员的工作量，为此，他们设计了一款集消费者语音使用引导、农产品识别、称重、自动算账等功能于一体的蔬菜水果自助称重售卖机。这两款作品如图 9-10 所示。

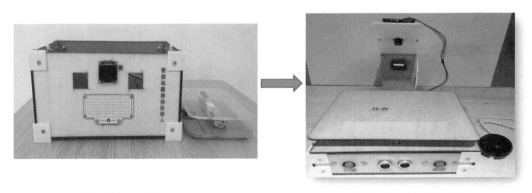
智能地摊售卖机器人　　　　　　　　　蔬菜水果自助称重售卖机

图 9-10　案例延伸法学生作品示例一

如图 9-11 所示，受家用智能浇花装置的启发，有一组学生在此基础上增加了视频识别，通过识别植物的种类及生长状态，自动调节光照、土壤湿度、营养元素及环境温度预警等功能，完成了一款新的智能植物护理系统产品的设计。同学们还可以留心观察过往科技创新比赛中优秀的作品案例，如"全国青少年科技创新大赛""宋庆龄少年儿童发明奖""北京市中小学生金鹏科技论坛活动"等比赛中近年取得不错成绩的作品，选择感兴趣的课题，寻找已有解决方案中的不足或者可以改进的地方，进行延伸性的产品设计。

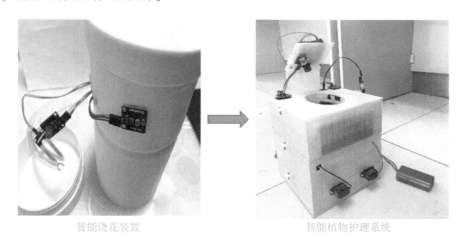

智能浇花装置　　　　　　　　　智能植物护理系统

图 9-11　案例延伸法学生作品示例二

4. 变换角度法

变换角度法是指从不同角度中选题。同样是看庐山，横看成岭侧成峰，远近高低各不同。在创新实践中，同样一个问题，选择的角度不同，会得出不同的结论。同样的，同一种技术应用在不同的场景中可能会为你打开另一扇研究的窗户。

生活垃圾分类回收是当前研究的一个热点问题，不过大多数同学都在研究如何更准确地对垃圾进行分类，而图 9-12 所示作品的设计者将视角转移到如何促使人们养成垃圾分类习惯。他们发现经过一段时间的宣传普及，大多数人都能够区分常见的垃圾，而垃圾分类政策效果还需提升的重要原因是分类扔垃圾的过程缺乏有效监管，无法有效促进人们垃圾分类习惯的养成，因此他们针对该问题设计了一款生活垃圾分类回收监测系统作品。

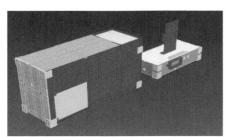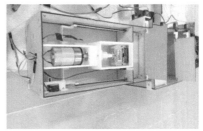

生活垃圾分类回收监测系统

图 9-12　变换角度法学生作品示例一

人脸识别技术是当前人工智能领域中的一项热门技术。将人脸识别技术应用到不同的场景中，可以解决很多的现实问题。图 9-13 所示作品将人脸识别技术应用到食堂、教室中，将表情识别技术应用到生活中等。

基于人脸识别的学校食堂残余食物　　基于人脸识别的教室内有效　　基于表情识别的
智能检测系统　　　　　　　　　废纸回收装置　　　　　智能唤醒闹铃机器人

图 9-13　变换角度法学生作品示例二

5. 疑问猜想法

疑问猜想法是指从怀疑、猜想中选题。"适当的怀疑，是智者的火炬"，从当前学习生活中的疑问、猜想出发，然后根据科学问题的特点，判断筛选出研究课题。

图 9-14 是著名的黑洞照片。我们都知道照片是利用光学成像原理形成的影像，而黑洞是一种密度极大的天体，具有非常强的引力，在它周围的一定区域内，连光也无法逃逸出去，那么这张黑洞的照片又是如何形成的呢？

如图 9-15 所示，左边的图像是雾天人眼看到的图像，右边的图像是智能手机拍摄到的照片，那么雾天为什么能拍出清晰的照片？

图 9-14　疑问猜想法研究课题示例一　　　　　图 9-15　疑问猜想法研究课题示例二

9.1.4　如何描述问题

通过上述 5 种常用的发现问题的方法，相信同学们可以找到很多值得研究的好问题，而接下来要解决问题，则需要先要把问题描述清楚。

本书介绍一个非常实用的问题描述工具——5W1H 法。5W1H 是 6 个英文单词的首字母：What、When、Where、Who、Which、How。我们发现的任何问题，基本上都离不开时间、地点、人物、事件、原因和程度这些方面。

Who（谁）：第一个要描述的就是问题的主体。是谁有问题，或者谁从中获利或者付出，乃至谁是相关者都可以根据具体情况进行描述。

When（什么时候）：什么时候发生的问题？具体在哪个时间点发生的问题？什么时候开始，什么时间结束，持续多久的时间？所有的这些与这个问题的时间线有关系的关键节点要描述清楚。

Where（哪里）：问题在哪里发生？在哪个位置发生，或者在哪个步骤中发生？这些位置都是问题描述必不可缺的部分，只有精准定位才能更好地解决问题。

What（什么）：是什么问题？具体是什么内容？需要做的动作是什么？这个部分是问题的主体，要详细描述这个问题的具体内容和项目。

Why（为什么）：为什么会出现这个问题？为什么没有做好？为什么有这个需求？任何问题出现都不会是无缘无故的，所以描述问题的时候需要对于这个问题产生的背景做一个介绍，如果了解问题产生的原因那就更好了。

How（怎么样）：是怎么回事？要怎么处理？或者是问题到了什么程度？具体怎么样了？要怎么样去解决？用什么办法？这个部分是提出了解决问题的潜在方法，或者是一个方向。

同学们在描述问题时，可以先分别描述这 6 个方面的内容，然后再将这些内容用一段通顺的语言描述出来，见表 9-1。

表 9-1　5W1H 问题描述法

问题	要求	语言描述
What	指的是什么，什么事，什么问题，问题的表现是什么	
When	指的是什么时候，什么时候发生，什么时候有问题的	
Where	指的是在哪里，在哪里发生的问题等，具体到某个地点	
Who	指的是谁，谁发现的，谁造成的，是否人为原因	
Which	指的是问题发生的频率、规律等	
How	指的是问题造成的影响是什么	
问题整体描述		

9.2　制定产品设计方案

问题明确后，接下来需要制定产品的设计方案。制定设计方案一般包括收集信息、设计分析、方案构思、方案呈现和方案筛选 5 步。

9.2.1　收集信息

收集与研究问题有关的信息，是制定产品方案的准备工作。信息收集得越多、越全面，就越有可能找到解决问题的好方法。收集信息主要是收集相关产品解决方案、收集相关资料文件、用户调研以及专家访谈等。

1. 收集相关产品解决方案

通常我们可以通过关键词，在百度、淘宝、京东等网站进行初步查询，也可以借助国家知识产权局专利检索服务进行专业查询，从而收集当前相关产品解决方案。

在设计"智能浇花装置"时，同学们通过"自动浇花花盆""智能花盆"等关键词在百度、淘宝网等网站做了初步查询，发现现有的产品解决方案大致可以分为3类，见表9-2。

表9-2　相关产品方案汇总

产品名称	产品图片	基本功能介绍
懒人浇花神器花盆（自动浇花花盆）		通过渗水器及渗水线将容器中的水缓慢渗入花盆土壤中，长时间保证土壤湿润
自动定时浇花器（家用花盆滴灌系统）	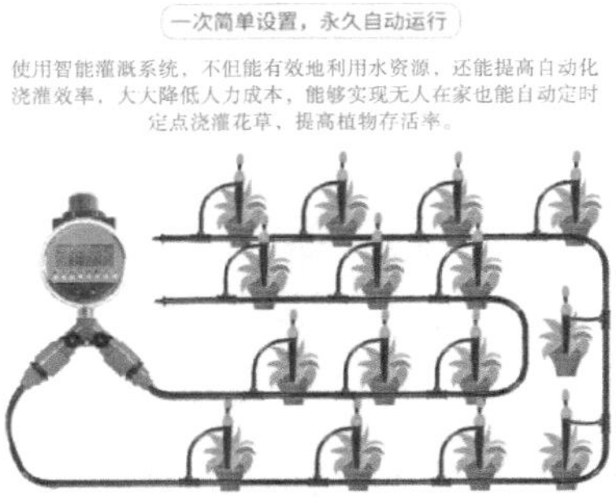	可以自定义设置浇水时间、并可以根据土壤湿度来自动浇水
一种自动浇花花盆		通过湿度传感器控制滴灌喷头自动浇水

2. 收集相关资料文件

针对一些专业领域的问题，我们还需要收集整理相关的专业资料。例如，在设计"运动伤害急救智能助手"时收集了大量运动防护和急救的相关资料，在设计"智能文物防护机器人"时收集了大量文物防护的相关资料。

其实要想设计好的产品解决问题，一般要先成为这个领域的专家。产品设计方案实际上是将你的专业知识技能进行固化，然后借助产品帮助不具备这方面知识的人更好地解决此类问题。

3. 用户调研

用户调研指通过各种方式得到受访者的建议和意见，并对此进行汇总，研究问题的总特征。用户调研的目的在于为产品设计方案提供相关数据基础。

如图9-16所示，在制定"家庭智能护理药箱"产品的设计方案之前，该组同学通过网络调查问卷的方式针对老年人健康服务现状进行了调研。

首先，我们先上网查阅了老年人群体及健康服务方面的现状，了解了在这些方面存在的问题，确定了研究的大致方向。接下来，我们又向家人、邻居等进行了调查采访，基本总结了老年人服药方面存在的问题，基于这些问题，我们设计并在网上发布了调查问卷，以便对更广泛大众的需求进行调查。最终，我们成功回收了95份调查问卷，以下是我们利用Excel图表获得的分析结果：

1.您的年龄是？

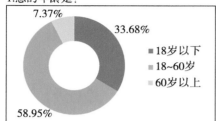

4.您对老年人服药方面的担忧主要在于？

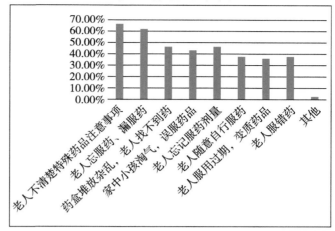

图 9-16 用户调研案例

4. 专家访谈

专家访谈法是有代表性地搜集经验丰富的专家型使用者的意见和想法，为制定设计方案提供重要的参考依据。

如图 9-17 所示，在制定"化学实验室安全助手"产品的设计方案之前，该组同学对本校的化学老师进行了访谈，收集了大量的专业意见。

对学生的调查结束之后，我们对一名高中化学老师进行了面对面访谈，对另一名初中化学老师进行了视频访谈。访谈前向访谈对象提供了访谈提纲，访谈过程有视频记录，根据访谈视频记录整理访谈结果。

采访老师

对老师的访谈以三个开放式问题为主线索：
（1）我们之前收集到100多位同学关于化学实验方面的反馈意见，有相当多的同学非常渴望有更多的机会能够进行化学实验。请问老师，目前的实验机会不足除了课时和时间安排等因素外，您认为还有哪些原因？有哪些与安全方面相关的考虑？
（2）有同学希望能有机会使用有危险性的药品或独立完成有一定危险性的实验。请问老师，您怎么评价同学的这个意见？您认为要做到哪些方面才能安全实施？
（3）关于化学实验安全监测和管理系统，若要真正提高化学实验安全程度，让老师放心，让学生操作更安全也更自由，老师您认为它需要做到哪些方面？

图 9-17 专家访谈案例

9.2.2 设计分析

面对收集到的各种信息，需要根据产品的设计要求，找出需要解决的主要问题及产品的创新点，并分析其可能的解决方法。

例如通过表 9-2 收集到的"智能浇花装置"相关产品的解决方案，该组学生得出的设计分析结论为：第一类自动浇花花盆，无法根据土壤湿度精确地控制浇水量；第二类自动浇花器布置复杂，只适合阳台上有大量盆栽的家庭；第三类花盆成本高，市面上可选择的产品比较少。其次光照对植物的影响也很大，目前，还没发现有家用简易、可自动调节光照和浇水量的智能花盆。

9.2.3 方案构思

同学们可以组织小组讨论，集思广益，激发创造性思维，针对设计分析的结论构思解决方案。

例如，经过小组讨论，初步构思的"智能浇花装置"方案如下：

1）查询花盆中绿植对湿度和光照的喜好，设置程序中相关参数的数值。

2）通过土壤湿度传感器和光敏传感器，实时监测花盆中土壤湿度及周围光照强度，根据程序中设置的参数值，控制花盆上方喷头浇水量及 LED 灯补光时间。

3）利用可乐瓶制作储水池。利用纸盒设计浇花器的外壳，将相关开源硬件合理布局到纸盒内，纸盒外部用保鲜膜密封，防止元器件浸水或受潮。

4）尽量借助现有材料，降低产品成本。

9.2.4 方案呈现

构思好了方案，怎样把它表达出来呢？画方案草图是最常用的办法。图 9-18 展示的是同学绘制的"智能图书馆"的方案草图。

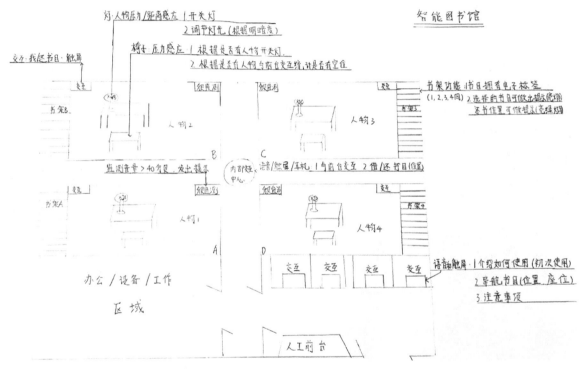

图 9-18 方案呈现案例

9.2.5 方案筛选

如果我们构思了多个方案，接下来就需要从中筛选出最合理的方案。一个符合设计原则的方案，需要考虑很多方面的因素，比如功能问题、美学问题、人机工程问题、经济成本问题、体积与空间问题、环境适应问题、材料与工艺问题等。这些因素之间本身也会有一定的矛盾，比如高质量和低成本等，在筛选时需分清主次，认真斟酌。

设计方案的优劣，一般是相对的，我们需要在满足设计功能的前提下权衡利弊，选择合适的方案，或在可能的条件下吸收各方案的优点来优化。

126

9.3 产品的制作与测试

本节将介绍产品设计的后面 4 个环节：制作模型或原型、测试评估优化、展示产品效果和总结心得体会。

9.3.1 制作模型或原型

智能产品的模型制作环节主要包括物料选择、程序编写和产品搭建 3 部分。

1. 物料选择

物料的选择主要是根据产品设计方案的相关要求，进行控制板、传感器及其他配套物料的选择。

根据"智能浇花装置"的产品设计方案，选择的物料见表 9-3。

表 9-3 智能浇花器的物料清单

类别	明细	匹配硬件、传感器及相关物料
产品功能	监测土壤湿度，自动浇花	土壤湿度传感器、微型水泵、储水池
	监测光照强度，自动补光	光敏传感器、LED 灯
基础硬件	基础开源硬件	控制板、IO 扩展板、电池、导线、开关
其他物料	所需其他物料	纸盒、保鲜膜、LED 灯支架等

2. 程序编写

编写智能硬件项目的程序时，一般先要根据设计方案绘制程序流程图。根据"智能浇花装置"的产品设计方案，绘制程序流程图，如图 9-19 所示。

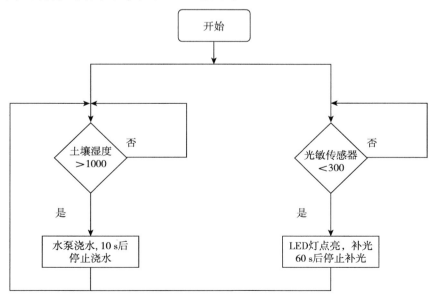

图 9-19 "智能浇花装置"程序流程图

　　智能产品一般还会涉及人机对话，因此在程序编写前还需要完成对话脚本的设计。同学们可以分场景来设计对话内容，表9-4为"智能校园秘书机器人"的对话脚本设计方案。也可以模拟真实应用场景来设计对话内容，如图9-20所示的"智能护理药箱"的部分对话脚本设计方案。

表9-4　"智能校园秘书机器人"对话脚本

场景	场景描述	识别语	反馈语	配套动作
触发	发现拜访者，主动发起对话		"我是××智能秘书，请问您找谁?"	红外感应传感器触发
场景一	校长在，确认可以进入	"我来拜访××校长。"	"请稍等，我来通报下。""门已打开，请在客厅就座。"	
场景二	校长不在，请再约时间	"我来拜访××校长。"	"请稍等，我来通报下。""抱歉××校长不在，请再约时间。"	
场景三	客厅服务	"打开客厅灯。""打开客厅空调。"	"已为您打开客厅灯。""已为您打开客厅空调。"	
……	……	……	……	……
结束	会客结束	"关闭客厅所有电器。"	"已关闭客厅所有电器。"	控制开关

（启动）欢迎启用昌平二中家庭智能护理药箱。　1

（超声波触发）你好，我是昌平二中家庭智能护理药箱小智，请问有什么可以帮你? 001

➢　我想取用药品

➢　请您进行身份验证，正对摄像头进行人脸识别 2

➢　验证失败，请再次验证　001

➢　验证成功　002

➢　请说出药名 3

➢　硝酸甘油片

➢　应急类药物柜门已打开，请取出药品　　　4

➢　硝酸甘油片一次用 0.25 到 0.5 毫克，舌下含服，每 5 分钟可重复 0.5 毫克，直至疼痛

　　缓解。如果 15 分钟内总量达 1.5 毫克后疼痛持续存在，应立即就医。

➢　已经取好了

➢　好的柜门已关闭　5

图9-20　"智能护理药箱"对话脚本

　　根据产品流程图及对话脚本的内容，分别进行视频识别模块、语音交互模块和开源硬件模块的程序设计及程序上传。

3. 产品搭建

　　要进行智能产品的搭建，还需要对产品的外观及结构件进行设计。这项任务通常会借助激光切

割机和 3D 打印机来完成。例如，图 9-21 和图 9-22 分别展示了"化学实验安全助手"产品的外观设计图和激光切割外形设计图。

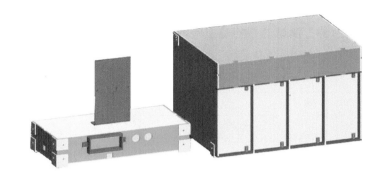

图 9-21 "化学实验安全助手"产品外观设计图

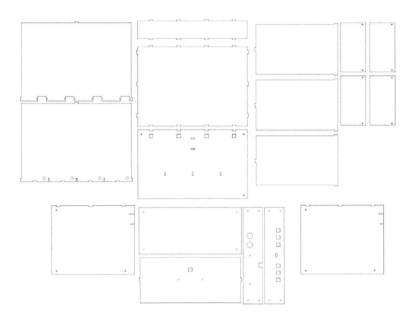

图 9-22 "化学实验安全助手"激光切割外形设计图

最后，根据产品外观设计图，完成硬件的连接和产品的组装。"化学实验安全助手"的组装过程及产品原型如图 9-23 所示。

图 9-23 "化学实验安全助手"组装过程及产品原型

9.3.2 测试评估优化

1. 如何做测试

测试是检测和试验的总称。测试的目的是检验产品在操作、使用过程中，其结构和技术性能方面是否达到预定的设计要求。"智能浇花装置"的测试方案及测试结果见表9-5。

表 9-5　测试方案及测试结果

功能	模拟测试		实际测试	
	测试方式	测试结果	测试方式	测试结果
自动补光	半遮挡光敏传感器	LED 灯亮	清晨	LED 灯亮约 1h
	白天不遮挡光敏传感器	LED 灯不亮	傍晚	LED 灯亮约 1h
	完全遮挡光敏传感器	LED 灯不亮	其他时间	LED 灯不亮
自动浇水	土壤湿度传感器插入湿润的土壤	水泵不浇水	当花盆中土壤干燥后	水泵会自动浇水
	将土壤湿度传感器拔出	水泵开始浇水		
防水性	给自动浇花器外壳洒水	不漏水，不影响内部元器件	不小心将水洒到自动浇花器外壳上	不漏水，不影响内部元器件
使用时长	让水泵持续浇水	超过 10 min 才能将水槽中的水抽完	夏天每两天浇一次水	水槽中的水可使用超过 1 个月

2. 评估与优化

在测试的基础上，还需要对设计方案和产品进行全面的评估并进行优化改进。一般来说，可以将科学、实用、安全、经济、美观、新颖作为产品的评价原则，并以此作为优化设计的方向。"智能浇花装置"的评价结果及优化方案见表9-6。

表 9-6　评价结果及优化方案

评价指标	评价结果	优化方案
实用性	优点：能基本满足设计要求 不足：针对不同的绿植，需要重新设置参数、上传程序，比较麻烦	可以增加喜湿、喜干、适中、喜光、喜阴、中等选择按钮，根据绿植的喜好直接选择，方便不懂编程的消费者使用
美观性	优点：整体效果简单、朴实 不足：不够美观，与客厅环境不是很协调	可以用色彩更适合的纸盒做外形，或者用 3D 打印定制更美观的外壳
经济性	优点：配件均是课程已有教具或再利用的生活用品，没有额外支出 不足：产品整体成本还是较高	可以选择更便宜的电子元器件，或者让一个自动浇花器管理多盆绿植，降低成本

9.3.3 展示产品效果

同学们不仅需要掌握如何设计开源硬件产品来解决学习生活中的实际问题，还需要具备向消费者全面清晰地展示产品效果的能力。展示产品的效果一般围绕以下 5 个方面进行阐述：①产品的创作初心（要解决什么问题）；②产品的设计方案（产品是如何设计的）；③产品的使用说明（产品如何使用）；④产品的实际效果（展示产品的使用效果）；⑤产品的创新点（本产品有哪些创新）。

9.3.4 总结心得体会

总结自己在智能产品开发制作过程中的主要心得和体会，可以参考以下两项内容：①通过本单元的学习，在知识、技能、情感、价值观等方面，都取得了哪些收获？有哪些主要体会？结合具体内容，逐一总结、归纳、交流。②在实践过程中，有哪些成果经验？成功之中还有哪些不足？有哪些失败教训？失败之中，有哪些收获？

本章小结与评价

本章向同学们介绍产品开发的一般流程以及问题描述的方法，并引导同学们参考产品开发的流程，借助所学的人工智能领域相关软硬件知识，设计创新实用的智能产品，系统地锻炼同学们发现问题、分析问题、解决问题的能力。

根据自己掌握情况填写表9-7自评部分，小组成员相互填写互评部分。

（A. 非常棒；B. 还可以；C. 一般。在对应的等级打"√"）

表 9-7 本章评价表

评价方向	评价内容	自评			互评		
		A	B	C	A	B	C
基础知识	能介绍产品开发的一般流程						
	了解好问题的判断标准						
	能用5W1H法描述清楚问题						
核心技能	能发现当前学习生活中的问题						
	能用问题分析法分析并解决问题						
	能小组配合完成智能产品的设计						
学习品质	愿意和小组成员一起合作完成任务						
	会自觉整理硬件套件并归回原位						
	尊重他人意见，乐于与老师和同学分享、讨论						

第 10 章

创意作品展示

10.1 作品一：疲劳驾驶监控预警系统

北京市昌平区第二中学 2020 年参赛作品

项目作者：张一晨　王飞鸣　马艺嘉

指导教师：杨　静　王继飞

1. 绪论

（1）课题背景和意义

疲劳驾驶极易引起交通事故，是指驾驶员在长时间连续行车后，产生生理机能和心理机能的失调，而在客观上出现驾驶技能下降的现象。驾驶员睡眠质量差或不足，长时间驾驶车辆，容易缺乏内源氧出现疲劳。

根据新思界产业研究中心发布的《2020—2024 年疲劳驾驶预警系统行业深度市场调研及投资策略建议报告》显示，2019 年我国交通事故发生次数达到 200 114 次，死亡人数达到 52 388 人。其中有超过 40 %的交通事故是由驾驶员疲劳驾驶所引起的，因此随着我国高速公路的发展和车速的提高，有关驾驶员的疲劳检测问题已成为汽车安全研究的重要一环。

因此，本项目将设计一款疲劳驾驶监控预警系统，希望能减少很多因疲劳驾驶造成的交通事故，使驾驶员及乘客们免受车祸对生命的威胁，减少家破人亡的可能。

（2）国内外研究情况

虽然国内外针对疲劳驾驶预警系统已经进行了多年的研究，并且开发了很多系统和产品，但是当前的普及率还是很低，尤其在我国。根据高工智能产业研究院（GGAI）监测数据显示，截至 2018 年，我国在售乘用车配置有疲劳驾驶预警功能的车型渗透率仅为 11.48%，实际产销量占比低于 5 %。这其中，大多数配置车型的价格都在 35 万元以上，大部分供应商均为海外厂商。私家车配置有疲劳驾驶预警功能的比例更低，分析其原因主要有：成本过高，结合红外摄像头和算法的产品至少要千元；实用性较低，提醒不及时、方式单一、误报较多等。

因此，我们想借助当前视频识别及深度学习领域最新的研究成果，针对广大私家车主，设计一款成本低、准确率高、使用方便的疲劳驾驶预警系统。

2. 确定研究方案

（1）尝试方案一：监督学习判断是否闭眼

之前我们参加了一项人工智能竞赛项目，在优必选公司的数据训练网站 https://lab.qingsteam.cn/#/probe? type = character&ustId = 3357 进行了场地上有无飞机的图像数据训练，效果不错。由此，我们也想将此方案用在睁眼的判断上，我们将睁眼设置为正样本，将闭眼设置为负样本，然后分别上传网站进行数据训练，希望能得出同样的效果。经过大量的测试，我们发现该方案获得数据的准确度较低，常常发生误判，将不是闭眼的情况判断成闭眼，无法检测出是否眨眼。

（2）尝试方案二：数据训练改进版测试出是否闭眼

我们对正负样本进行了更改，将睁眼闭眼位置进行了调换，并且将正样本进行了细化，该方案的精度虽然有所提高，但结果仍然不尽人意，无法准确地识别睁眼或闭眼，因此我们决定换一个方案。

（3）方案确定——运用眼睛纵横比（EAR）判断是否闭眼

由于我们运用监督学习训练数据来判断是否闭眼的结果不尽人意，因此我们在网上查找资料，寻找其他方法，我们在"中国 AI 网""知乎人工智能专栏""人工智能交流网"等技术网站上查询资料，发现有很多技术人员提出的方法，最终我们选用的方法是捷克理工大学 Tereza Soukupova 和 Jan Cech 论文 *Real – Time Eye Blink Detection using Facial Landmarks* 提出的通过计算眼睛纵横比（EAR）的数值，判断眼睛是睁开还是闭合，从而检测眨眼动作，通过眨眼时间的长短来判断是否疲劳驾驶。本系统借助视频识别、自然语言交互、传感器控制等技术来实现，具体制作过程如下：通过人脸追踪控制检测仪底盘两个舵机旋转，保证检测仪摄像头能实时监测到驾驶员人脸，达到更好的检测效果。

3. 研究过程

（1）硬件方案

1）疲劳驾驶系统的组成。本系统包括视频识别系统和 Arduino 控制系统两大部分。

视频识别系统的主要功能有两个：一是检测人脸，根据人脸位置控制检测仪底盘两个舵机旋转，保证摄像头能正对驾驶员人脸；二是实时监测驾驶员的人脸特征，判断驾驶员是否闭眼及疲劳程度，并传输相应的数据给 Arduino 控制板。

Arduino 控制系统的主要功能是 Arduino 控制板接收到视频识别系统发来的数据后，控制语音播报模块及振动模块给出对应级别的提醒，通过听觉和触觉两方面提醒驾驶员安全驾驶。

2）电子元器件的选择，见表 10-1。

表 10-1 电子元器件的选择

电子元器件名称	功能	图示
PowerSensor 视频识别板（简称 PowerSensor 板）	视频识别	
Arduino 控制板	产品的控制处理中心	

（续）

电子元器件名称	功能	图示
IO 扩展板	增加接线端口数量	
YX5300 mini MP3 模块	自定义播放声音	
振动电动机模块	提醒提示	
表情模块	显示表情提醒	
舵机	设计舵机云台增强检测效果	

3）产品外观及结构设计。我们首先测量了每个伺服的长、宽、高，对每个伺服所在的位置进行了固定，然后对该框架有了一个大体的设计，紧接着确定了该外壳的大小，对外壳的外观进行了设计。

由于外壳需要满足机器可以左右偏转、上下偏转的需求，因此我们选用一个舵机控制云台左右旋转，另一个舵机控制云台上下旋转。之后我们设计一个大的外壳，该外壳可以将视频识别模块、Arduino 控制板及其扩展板以及电池等一系列的电子元器件放在内部。为了让该产品所占的空间更小一些，我们又对外观进行了设计，最终我们选择了圆形的外壳，如图 10-1 所示。

图 10-1 疲劳驾驶模型

134

（2）软件方案

1）图像识别的算法设计。我们通过调用 OpenCV 这个软件库里的程序来进行图像识别方面的编程。主要通过如下步骤设计：

第一步：导入工具包。

第二步：对脸上的部位进行定义。

在关键点定位的官方文档中，提取 68 个关键点来表示脸上的部位，如图 10-2 所示。其中：

第 1～17 个点：脸颊；

第 18～22 个点：右边眉毛；

第 23～27 个点：左边眉毛；

第 28～36 个点：鼻子；

第 37～42 个点：右眼；

第 43～48 个点：左眼；

第 49～68 个点：嘴巴。

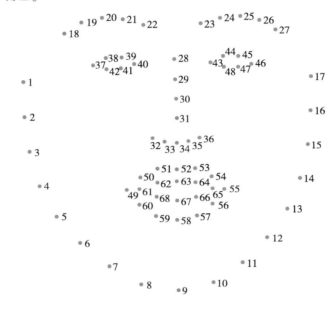

图 10-2　人脸 68 个关键点

第三步：EAR（eye aspect ratio）检测函数。

在论文 *Real – Time Eye Blink Detection using Facial Landmarks* 中，EAR 的概念被提出。在包含着人眼的图片中画出 6 个点，如图 10-3 所示。

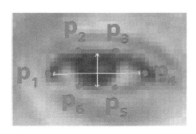

图 10-3　眼睛的 6 个特征点

当人眨眼时，这 6 个点的距离会发生变化，可以用这 6 个点的一些距离关系来判断是否有眨眼行为。

EAR 检测函数定义如图 10-4 所示。

```
s1 = ps.UsartPort()
s1.set_baudrate(115200)
thresh = 0.22
frame_check = 3
detect = dlib.get_frontal_face_detector()
predict = dlib.shape_predictor("shape_predictor_68_face_landmarks.dat")
(lStart, lEnd) = face_utils.FACIAL_LANDMARKS_IDXS["left_eye"]
(rStart, rEnd) = face_utils.FACIAL_LANDMARKS_IDXS["right_eye"]
def dis_eucl(p1, p2):
    return np.sqrt(np.square(p1[0] - p2[0]) + np.square(p1[1] - p2[1]))
def eye_aspect_ratio(eye):
    A = dis_eucl(eye[1], eye[5])    # eye[1]代表P2点
    B = dis_eucl(eye[2], eye[4])
    C = dis_eucl(eye[0], eye[3])
    ear = (A + B) / (2.0 * C)
    return ear
def check_eye(img, draw_res=False):
    img_temp = img.copy()
    gray = cv2.cvtColor(img_temp, cv2.COLOR_BGR2GRAY)
    subjects = detect(gray, 0)
    for subject in subjects:
        shape = predict(gray, subject)
        shape = face_utils.shape_to_np(shape)#converting to NumPy Array
        leftEye = shape[lStart:lEnd]
        rightEye = shape[rStart:rEnd]
        leftEAR = eye_aspect_ratio(leftEye)
        rightEAR = eye_aspect_ratio(rightEye)
        if draw_res:
            leftEyeHull = cv2.convexHull(leftEye)
            rightEyeHull = cv2.convexHull(rightEye)
            cv2.drawContours(img_temp, [leftEyeHull], -1, (0, 255, 0), 1)
            cv2.drawContours(img_temp, [rightEyeHull], -1, (0, 255, 0), 1)
            res_str = 'l:' + str(float('%.2f' %leftEAR)) + " r:" + str(float('%.2f' %rightEAR))
            cv2.putText(img_temp, res_str, (10, 30), cv2.FONT_HERSHEY_SIMPLEX, 0.7, (0, 0, 255), 2)
    if len(subjects) > 0:
        return leftEAR, rightEAR, img_temp
```

图 10-4　EAR 检测函数定义

第四步：疲劳监测程序设计。

疲劳监测程序参数定义如图 10-5 所示。

```
classifier=cv2.CascadeClassifier("haarcascade_frontalface_alt.xml")

hx=1625
zx=1750
pwm16.setServoPulse(1, hx)
pwm16.setServoPulse(2, zx)
s1.u_send_bytes([1])
time.sleep(4)
flag=0
frame_check = 3
thresh = 0.22
res_str = '正常'
```

图 10-5　疲劳监测程序参数定义

第五步：人脸追踪程序设计。

人脸追踪流程图如图 10-6 所示。

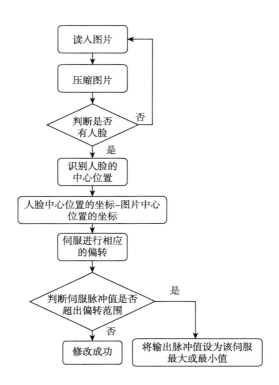

图 10-6 人脸追踪流程图

第六步：疲劳驾驶监测程序设计。

疲劳驾驶监测流程图如图 10-7 所示。

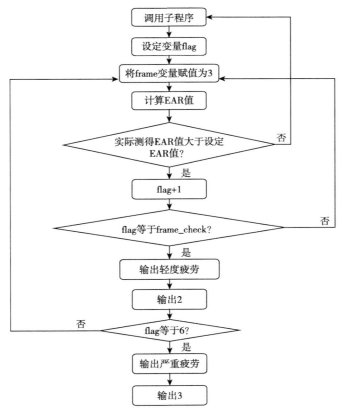

图 10-7 疲劳驾驶监测流程图

如果 EAR 小于 0.22，则判断为闭眼，如果视频中有连续 3 帧以上都有闭眼，则判断为轻度疲劳；连续 6 帧以上都有闭眼，则判断为重度疲劳。

2）Arduino UNO 板输出控制程序。我们通过用米思齐 Mixly 来控制 Arduino 控制板，达到一系列我们想要实施的行为，来让驾驶员清醒起来。

（a）情况 1：轻度疲劳。如图 10-8 所示，PowerSensor 板输出 val = 2，Arduino 板接收信号，输出高电频控制振动模块使其发生振动，通过串口控制声音模块，开始播放第 2 首音乐并持续运行 2 s。最后输出低电频控制振动模块使其停止振动。

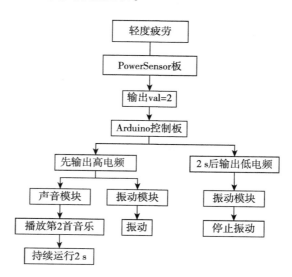

图 10-8　轻度疲劳处理流程图

（b）情况 2：严重疲劳。如图 10-9 所示，PowerSensor 板输出 val = 3，Arduino 控制板接收信号，输出高电频控制振动模块使其发生振动，通过串口控制声音模块，开始播放第 3 首音乐并持续运行 3 s。最后输出低电频控制振动模块使其停止振动。

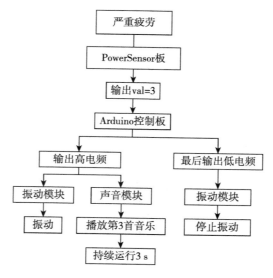

图 10-9　严重疲劳处理流程图

（3）设备优化

在大量测试中，我们发现，该设备在正对人脸监测时运行良好，但实际使用时，该设备一般是放置在方向盘右前方或吸附在车顶，与驾驶员形成一定的角度，而且由于身高和驾驶习惯不同，设备的旋转角度不同，这样就会导致测算的 EAR 值出现变化，从而导致设备检测数据异常，因此我们设计了简易测试设备进行测试数据统计，如图 10-10 所示。

图 10-10　角度测试装置及现场测试图

测试统计数据见表 10-2。

表 10-2　不同水平偏转角度的 EAR 值（$d = 25$ cm）

偏转角度	L1（睁）	R1（睁）	L2（睁）	R2（睁）	均值	L3（闭）	R3（闭）	L4（闭）	R（闭）	均值
正对	0.24	0.26	0.24	0.25	0.247 5	0.13	0.13	0.14	0.12	0.13
左偏 7.5°	0.26	0.25	0.24	0.25	0.25	0.17	0.17	0.16	0.17	0.167 5
左偏 15°	0.32	0.3	0.27	0.24	0.282 5	0.21	0.18	0.22	0.19	0.2
左偏 22.5°	0.27	0.26	0.27	0.25	0.262 5	0.19	0.18	0.23	0.19	0.197 5
左偏 30°	—	—	—	—	—	—	—	—	—	—
右偏 7.5°	0.23	0.25	0.26	0.25	0.247 5	0.16	0.15	0.13	0.12	0.14
右偏 15°	0.27	0.25	0.27	0.24	0.257 5	0.22	0.23	0.18	0.17	0.2
右偏 22.5°	0.28	0.27	0.28	0.25	0.27	0.21	0.19	0.23	0.19	0.205
右偏 30°	—	—	—	—	—	—	—	—	—	—

从表 10-2 的测试数据中，我们得出 3 条结论：

1）随着左右偏转角度的增加，EAR 值也在逐渐增加。如表 10-2 我们可以看到，在距离是 25 cm 的偏转角度为 0°的情况下，该程序可以很准确地识别出人是否闭眼。然而在左偏 22.5°的时候，睁眼的 EAR 值从原来的 0.24 ~ 0.26 增加到了现在的 0.25 ~ 0.27，闭眼的 EAR 值从原来的 0.12 ~ 0.14 增大到了现在的 0.18 ~ 0.23。在左偏 30°的时候，该程序无法识别人脸，EAR 值不存在。相似地，右偏 22.5°的时候，睁眼 EAR 值从原来的 0.24 ~ 0.26 增加到了 0.27 ~ 0.28，闭眼的 EAR 值从原来的 0.12 ~ 0.13 增大到了 0.19 ~ 0.23。

2）左右偏转角度过大时，该程序无法识别到人脸，EAR 值不存在。如表 10-2 所示，在偏转角度在 30°时，无论是左偏还是右偏，EAR 值都无法判定。

3）在头部偏转时，闭眼的 EAR 值变化大于睁眼的 EAR 值的变化。

此后，我们又检测了抬头或者低头时 EAR 值的变化情况，数据结果见表 10-3，我们得到了类似上述的结论。

表 10-3　不同垂直偏转角度的 EAR 值（$d = 25$ cm）

偏转角度	L1（睁）	R1（睁）	L2（睁）	R2（睁）	均值	L3（闭）	R3（闭）	L4（闭）	R4（闭）	均值
正对	0.28	0.26	0.24	0.24	0.255	0.17	0.23	0.19	0.19	0.195
仰 7.5°	0.26	0.29	0.25	0.28	0.27	0.18	0.17	0.16	0.11	0.155
仰 15°	0.29	0.31	0.32	0.31	0.307 5	0.17	0.11	0.11	0.12	0.127 5
仰 22.5°	0.21	0.19	0.23	0.23	0.215	0.17	0.17	0.17	0.18	0.172 5
仰 30°	—	—	—	—	—	—	—	—	—	—
低 7.5°	0.24	0.25	0.25	0.26	0.25	0.16	0.14	0.15	0.16	0.152 5
低 15°	0.22	0.23	0.24	0.24	0.232 5	0.14	0.17	0.16	0.14	0.152 5
低 22.5°	0.24	0.24	0.24	0.19	0.227 5	0.12	0.13	0.13	0.15	0.132 5
低 30°	—	—	—	—	—	—	—	—	—	—

为了结论的严谨性，我们又做了距离 45 cm 时左右偏头的实验，几乎得到与距离 25 cm 时左右偏头实验相同的结论，见表 10-4。

表 10-4　不同偏转角度的 EAR 值（$d = 45$ cm）

偏转角度	L1（睁）	R1（睁）	L2（睁）	R2（睁）	均值	L3（闭）	R3（闭）	L4（闭）	R4（闭）	均值
平面	0.26	0.28	0.25	0.25	0.26	0.16	0.13	0.17	0.14	0.15
左偏 7.5°	0.32	0.3	0.27	0.29	0.295	0.2	0.16	0.17	0.16	0.172 5
左偏 15°	0.29	0.32	0.35	0.32	0.32	0.11	0.17	0.17	0.19	0.16
左偏 22.5°	0.33	0.31	0.32	0.33	0.322 5	0.22	0.21	0.22	0.2	0.212 5
右偏 7.5°	0.28	0.3	0.24	0.25	0.267 5	0.19	0.2	0.13	0.15	0.167 5
右偏 15°	0.27	0.25	0.27	0.24	0.257 5	0.22	0.23	0.18	0.17	0.2
右偏 22.5°	0.28	0.27	0.28	0.25	0.27	0.21	0.19	0.21	0.18	0.197 5

为了解决上述问题，我们团队尝试了多种方法，发现可以通过设备底部水平、垂直方向伺服舵机的旋转角度，来判断设备与人脸的偏移角度。我们采用的是 180° 的伺服舵机，它的脉冲值是 400～2850，每一个不同的脉冲值都对应着不同的角度，我们找到了转动的角度与 EAR 值的关系。经过查询资料和探索列出了如下的算式。

（1）脉冲值与旋转角度的关系

脉冲值变化量/伺服的脉冲值范围 = 伺服的旋转角度/伺服旋转范围

我们将脉冲值变化量设为 H，将伺服旋转范围设为 X，得出以下式子：

$$H/2450 = X/180$$

化简得出　　　　　　　　　　$H = 13.61X$

（2）旋转角度与 EAR 值的关系

经我们大量实际测量，旋转角度变化 20°，EAR 值变化 0.05，旋转角度变化量/EAR 值变化量 = 20/0.05，用字母表示为

$$X/\Delta EAR = 20/0.05$$

化简得出

$$\Delta EAR = 0.0025X$$

综合以上式子得出

$$\Delta EAR = 0.00018H$$

用 hx 表示横向舵机脉冲值的变化量，用 hy 表示纵向舵机脉冲值的变化量，那么 EAR 阈值与舵机脉冲值的关系为

$$EAR = 0.22 + 0.00018（hx - hy）$$

4. 设备优化测试

为了测试设备改进后的效果，我们设计了一个测试云台，并搭建了一个简易的测试环境，如图 10-11 所示。在实验中，我们运用机器与人脸的横向距离来判断伺服舵机旋转角度。机器与人脸的横向距离越大，伺服舵机偏转角度越大。

图 10-11　伺服舵机旋转角度与 EAR 值关系测试

我们分别测试了头部左右移动和上下移动时的 EAR 值数据，见表 10-5 和表 10-6。

表 10-5　头部左右移动时的 EAR 值数据

移动距离/cm①	睁眼			闭眼		
	L1	R1	P1（判定值）	L2	R2	P2（判定值）
0	0.29	0.26	0.239	0.12	0.12	0.240
−5	0.31	0.31	0.247	0.16	0.18	0.246
−10	0.33	0.33	0.262	0.18	0.18	0.258
−15	0.37	0.28	0.274	0.21	0.15	0.272
−20	0.34	0.29	0.279	0.25	0.18	0.285
+5	0.31	0.28	0.248	0.17	0.16	0.252
+10	0.32	0.33	0.265	0.17	0.19	0.264
+15	0.31	0.36	0.285	0.19	0.23	0.281

①左移为"−"，右移为"+"。

表 10-6　头部上下移动时的 EAR 值数据

移动距离/cm①	睁眼			闭眼		
	L1	R1	P1（判定值）	L2	R2	P2（判定值）
0	0.30	0.29	0.239	0.21	0.20	0.240
−5	0.29	0.27	0.222	0.16	0.18	0.225
−10	0.27	0.25	0.210	0.16	0.15	0.210
−15	0.25	0.25	0.196	0.13	0.13	0.207
+5	0.29	0.29	0.234	0.20	0.20	0.239
+10	0.28	0.29	0.223	0.18	0.19	0.234
+15	0.23	0.23	0.220	0.15	0.19	0.219

①上移为"−"，下移为"+"。

测试后，发现改进后的设备可以在左右上下移动 15 cm，即偏转 22.5°的范围内有很好的监测效果。

5. 研究结论

在整个作品的设计和测试过程中，我们借助捷克理工大学 2016 年论文中提出的通过计算眼睛纵横比（EAR）的数值来判断驾驶员是否闭眼，大大提高了作品的准确度；通过舵机云台实时追踪人脸并根据舵机脉冲值调整 EAR 阈值，增加了作品的准确度；再利用语音播报模块和振动模块通过声音和生理两方面刺激驾驶员，实现了更好的预警和提醒。

由于目前本产品是利用开源硬件制作，每个元器件较大，所以整个产品外形较大，成本相对较高，如果利用该原理重新开发针对性的元器件，可以大大降低成本及产品的尺寸，方便私家车主广泛使用。

6. 作品创新点及不足

（1）创新点

1）通过计算眼睛纵横比（EAR）的数值能更准确地判断驾驶员疲劳情况。

2）通过人脸追踪控制两个伺服电机实时追踪驾驶员脸部，使检测仪能适合不同身高和驾驶习惯的驾驶员使用，并且提高了识别的准确性。

3）录入子女、家人等个性化的警示音，能比机器语音更好地提醒驾驶员。

4）除了语音提醒，还加入了驾驶座位背部的振动装置，通过声音和生理两方面，更好地提醒驾驶员。

5）通过研究伺服脉冲值与 EAR 值的关系，使该设备在面部偏转、EAR 值变化的情况下仍然准确识别。

（2）不足及改善

1）目前的监测系统在夜间无法进行识别，后期我们还想将摄像头升级，改用红外摄像头，可以在夜间进行准确监测。

2）现在的疲劳驾驶检测系统只能对驾驶员进行提醒，我们下一步打算将智能监测系统介入整车的系统，当驾驶员极度疲劳时，智能监测系统能辅助驾驶员进行制动，防止出现意外。

3）对于人脸偏离摄像头超过 22.5°时如何进行有效的检测，还需继续研究。

7. 研究感悟

此次活动感触颇多，首先得发掘事物之间的联系，全面思考问题。其次需要科学的研究方法，理论要和实践结合，提高效率。

刚开始时，我们制作了纸板来手动控制角度测试 EAR 值与脸偏转角度的关系，工作效率很低。后来我们设计了一个云台，运用程序控制来调节角度，使数据测量变得方便而准确，从而更好地测试出我们的猜想。

在本课题的研究过程中，我们分工明确、团结协作，大大提高了工作的效率和质量。通过这次活动，我们深深地体会到了团队合作的重要性。

10.2　作品二：家庭智能护理药箱

北京市昌平区第二中学 2021 年参赛作品

项目作者：曹瑜轩　王禹霏　王煜童

指导教师：杨静　王继飞

1. 绪论

（1）课题背景及意义

据中国 2020 年第七次全国人口普查，我国 60 岁及以上人口的比例达到 18.7%，有 2.6 亿人，其中 65 岁及以上人口比例达到 13.5%，人口达到 1.9 亿。我国已经步入了老龄化社会，且老龄化进程明显加快，老年人口规模庞大。

由于老年人身体虚弱，又有大部分老年人患有长期慢性疾病，所以他们需要经常服用一些药物。在我们身边，我们家中的老人存在因视力不好而看不清楚药盒与说明书、记忆力较差导致经常忘记吃药等种种问题，而我们的父母忙于工作，我们忙于学业，又无法随时随地照顾老人，使得老人大多数情况都处于独处状态下，他们的问题无法及时得到处理。这样的现状让我们不禁对老年人家庭护理方面的问题产生了较大的担忧。

（2）国内外研究现状

药箱是指一个专门用来存放药品、医疗工具的箱子。当中的隔层用于区分内服药品、外用药品、各种医疗工具，以免混淆。有效地区分可以令抢救员快速拿取到相应的药品对伤员进行抢救。而随着科学技术的迅速发展，信息化智能化时代的到来，为满足更多、更全面的家庭药箱需求，家庭药箱的智能化也成了许多国家关注研究的重点。

1）国内研究现状。目前，国内市场上存在的药盒大多以储存为主要功能，还沿用了一般药盒的设计特性，药盒大多采用分格处理，这样的设计实际上只能解决药物的存取问题。老年人服药种类多，服药剂量和时间复杂，但是大部分药盒都没有相应标明，也很少有提示服药量和服药时间的设计，服药错漏、忘记服药、乱服药等情况没有得到解决，大多数药盒没有起到辅助服药的作用，较少针对老年人的生理、心理、生活行为等特点进行设计。

目前国内市场上的药盒主要分为两类，分别是普通药盒和智能提醒药盒。

总的来说，大多数普通药盒的优势是具有分类、密封、便携的功能，药盒价格比较低；劣势是功能单一，不能符合大多数老人的需求，没有智能技术的应用。

国内设计的智能药盒大多数属于提醒药盒，又可称电子药盒、服药提醒器、计时药盒，是一种平时用于储放药物，并具备提醒人们按时服药的家用电子提醒及分药装置。它采用定时闹铃式提醒患者服药，但在分类和药物药量的控制上没有解决老人服药的实际问题，分格少，药量容纳少。

这类药盒的优势：会提醒老人到服用药物的时间了；劣势：老人一般视力都不太好，无法分清药物的区别，容易误食药品；并且不能和医生互动，那么医生也不能开过多处方药，还是需要老人频繁去医院。

2）国外研究现状。目前，国外医疗市场上已有的辅助人们服药的医药产品主要有以下两个类别：

第一种名为智能药瓶，这款智能药瓶内部配有定时器，用户可以自行设定服药间隔，指定时间一到，药瓶就会开始闪光，而如果闪光都没能引起注意，它就会通过声音来提醒。这款智能药瓶增加了定时报警器，可以提醒用户定时服药，解决了服药时间的不确定性，但仍需手动取出各种药所需剂量，取药过程仍相对复杂。

第二种为美国一家网络药房为人们提供的私人化医药包服务，在网上输入相关信息后，该药房会邮寄过来相关药物，其中的药丸被封装在一个个按日期分类的塑料包内，其外包装印着每次吃药的时间与其他配合药剂，以防病人忘记服药而延误病情好转。

2. 课题研究的前期准备

（1）资料的获取

1）文献法。在课题研究之前，我们首先考虑了老人在家庭护理中的主要需求，并查阅了相关资料，结合疫情的时代背景，初步确定研究的目标与内容。

2）调查法。查阅资料后，我们还做了调查工作，在问卷星平台上发布了有关老年人护理的调查问卷，主要收集了人们对现今老年人护理状况的看法与建议，用 Excel 软件对数据进行了具体分析与总结，基本确定了研究的方向与内容。

3）网络信息查询。在确定完研究内容后，我们发现研究需要大量对于老年人疾病以及症状的具体信息与医疗方面的专业知识，因此我们查询了如中国医药信息查询平台（Chinese Medical International Platforms）等网站来获取信息，从而补充我们的研究。

（2）课题研究思路

课题研究思路流程图如图 10-12 所示。

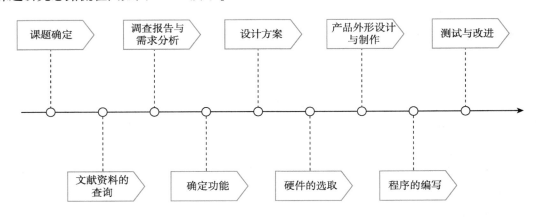

图 10-12　研究思路流程图

（3）作品需求调查与分析

首先，我们先上网查阅了老年人群体及健康服务方面的现状，了解了在这些方面存在的问题，确定了研究的大致方向。接下来，我们又向家人、邻居等进行了调查采访，基本总结了老年人服药方面存在的问题，基于这些问题，我们设计并在网上发布了调查问卷，以便对更广泛大众的需求进行调查。最终，我们成功回收了 95 份调查问卷，分别从**老人的年龄、家中几位老人、老年人服药方面存在担忧、担忧的原因、老人是否有了解药品及生活常见疾病相关健康知识的需要、老年人健康及服药方面还有什么其他需求**等方面进行调查。

（4）研究目标与内容

1）课题开展的目标。通过上面的调查，我们发现现存吃药的问题主要有以下需要我们关注的地方：①大部分人在老年人服药方面存在担忧；②部分家里会出现小孩淘气，误食了药箱里的药的情况；③有些老人忘记在指定时间吃药；④有时候不知道身体的基本状况。

根据以上的问题，我们确定了本次研究的目标：通过问卷调查和走访调查等方式，获取人们对于老年人服药方面存在的问题以及需求，并根据大众的需求，运用视频识别、语音识别等技术，设计出一款智能家庭护理药箱。

2）课题研究的主要内容。本次研究的内容主要包括以下几个方面：①通过采访调查和问卷调查研究老年人服药方面存在的问题；②针对存在的问题提出解决方案并匹配相应的技术；③进行药盒外形的整体设计；④进行语音识别及对话的研究；⑤进行视频识别样本的采集以及数据训练；⑥选择合适的编程系统并编写程序；⑦组装产品并进行调试与分析。

3. 研发过程

（1）设计方案确定

经过调研，我们确定了研究方案，我们设计的智能药盒应具备如下功能：医疗知识的问询、定时提醒、识别药品、智能取药和家庭简单体检。

如图 10-13 所示，定时提醒功能包含定时提醒吃药及提醒用药规范（吃哪几种药，用量多少）；识别药物功能包括图像识别药品及播报药品说明书的关键信息；知能取药功能包括打开药箱及语音取药，我们将药品分为长期服用类药物、应急类药物、常见疾病类药物及保健品类，方便存取；家庭简单体检功能包括血压血糖的检测、数据记录、数据分析及健康建议等。

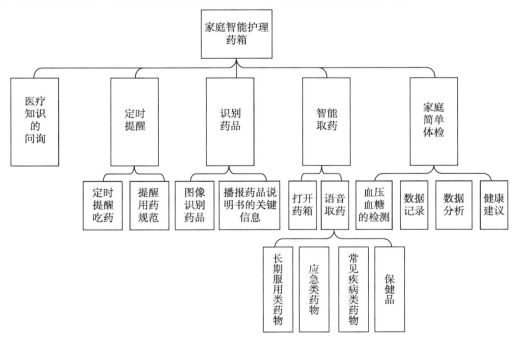

图 10-13　设计方案

（2）硬件设计

1）家庭智能护理药箱的组成。本系统以语音交互主板以及 Arduino 控制板共同作为人工智能系统的主导核心，以语音识别主板为药箱主体，对使用者的要求进行处理，展示药品名称、回答问题以及对语音识别主板处理的信息进行输出；以视频识别的 PowerSensor 板作为辅助系统，综合多种算法，组成一个较为智能新颖的家庭智能护理药箱。

2）电子元器件选择（见表 10-7）。

表 10-7　电子元器件的选择

电子元器件名称	功能	图示
PowerSensor 视频识别板及摄像头	视频识别	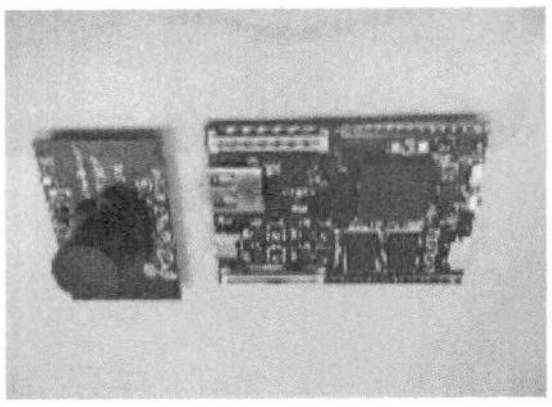
Arduino 控制板	产品的控制处理中心	
IO 扩展板	增加接线端口数量	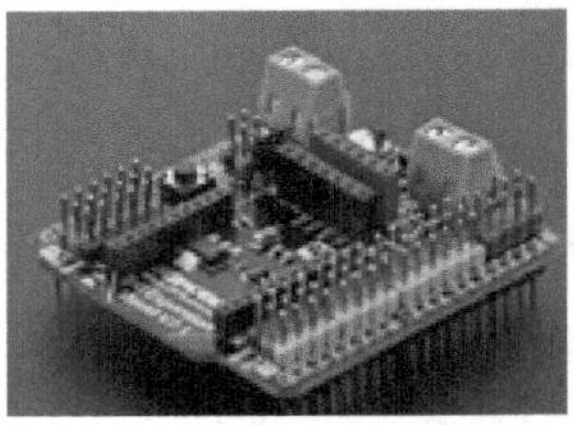
YX5300 mini MP3 模块	自定义播放声音	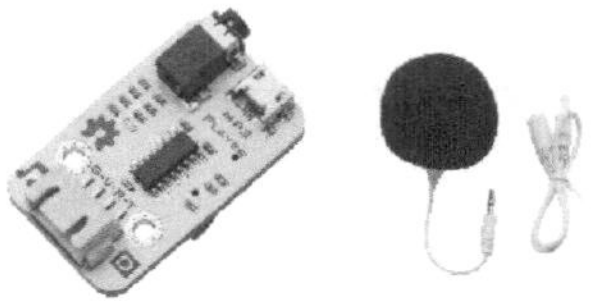
振动电动机模块	提醒提示	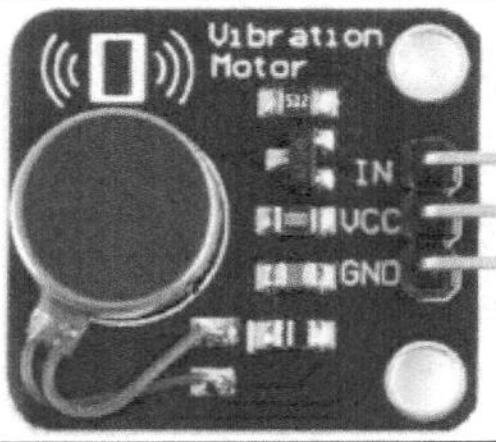
表情模块	显示表情提醒	

（续）

电子元器件名称	功能	图示
舵机	设计舵机云台增强检测效果	
语音识别模块	可以实现语音交互对话	
语音输入设备	语音输入	

3）产品的整体结构设计。我们利用激光雕刻机设计制作了作品的外框架，如图 10-14 所示。

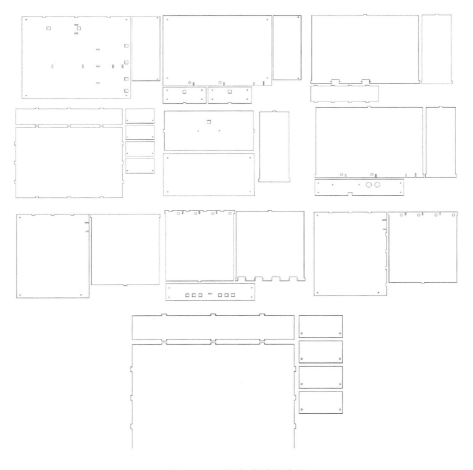

图 10-14　激光雕刻设计图

（3）程序设计（见图 10-15）

1）超声波传感模块。为了使智能对话机器人在用户站在其面前时自动启动，同时避免机器长期处于启动状态，我们采用超声波测距。当超声波测距传感器测试到用户处于其正前方一定距离后，就会自动开启，并播放音频，欢迎用户使用。

2）问询模块。我们通过语音识别来实现药箱的问询与回答，当提出"我需要进行健康咨询"即可进入咨询模块。如询问症状，智能对话机器人会回答原因以及如何缓解的建议；如询问具体的疾病，智能对话机器人会回答典型症状及治疗方法。

3）人脸识别模块。考虑到很多小孩容易乱吃药，导致了药品中毒的情况，为防止小孩误服用药物，我们决定当取药的时候，需要进行人脸识别才能够取出药品。我们使用了人工智能学习的正负样本方法，采集了正、负样本各 200 张进行训练，得出模型数据，使其能够将所识别图像与样本模型进行比对，从而正确判断。

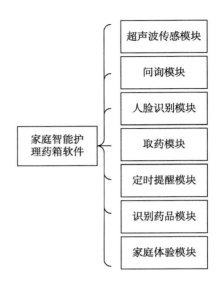

图 10-15　程序设计整体思路

在测试过程中，我们发现人脸识别的准确率方面存在有较大的问题。经过研究，我们发现主要是光线和背景的变化对识别造成了影响，于是，我们添加了光敏电阻和一个小灯泡，用以保证每一次识别光线大致相同，从而大大提高了识别准确率。

4）取药模块。若人脸识别成功，则可以进入语音取药部分，我们将所有的药物分别分为 4 种类型，有应急类药物、长期服用类药物、常见疾病类药物以及保健品。取药模块流程如图 10-16 所示，当说出要取用的药品后，经由语音识别，药箱会判断该药物属于哪一类，打开柜门并播报药品的用药规范和用法用量。若语音识别到已取完药，则关闭柜门。

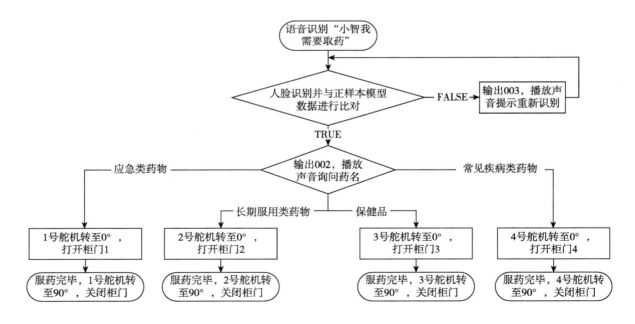

图 10-16　取药模块流程图

5）定时提醒模块。对于先前的调查中老年人忘记服药，无法做到定点吃药的问题，我们为药箱设计了计时提醒服药的模块，并且在调查中，我们发现老年人普遍有"药品吃越多越好"的错误认知，因此同时设计了在定时提醒后播报药品的用药规范的音频。

6）识别药品模块。我们使用了监督学习的方法，通过200多组训练数据来辅助学习，达到可以成功识别出药品的目的，当把药盒对准摄像头，视频识别模块会利用图像识别出药品，并语音播报说明书的内容。同时，我们还考虑到药品说明书上的内容过于烦琐，不方便阅读，因此我们决定删减大部分的不重要信息，只保留药品的关键信息，其中包括药品的适应症、用法、用量、注意事项与不可合用的药物，并制成音频，在识别完毕药品后自动播放。

7）家庭体检模块。家庭体检模块流程如图10-17所示，当语音识别"我要测血糖/血压"，并经由人脸识别成功后，即开启血压/血糖仪的柜门，老人在测量完后，向药箱语音输入数据，药箱会记录检测数据，通过与之前检测的结果进行对比，分析告诉老人这段时间内身体的变化，并给出一些简单的建议。

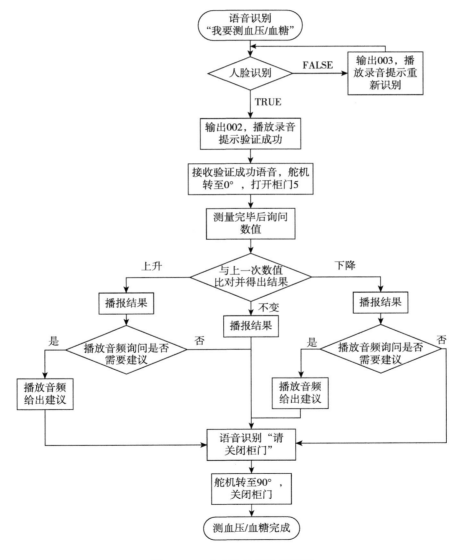

图 10-17　家庭体检模块流程图

4. 课题结论和创新点

我们将较为成熟的产品人工智能语音系统套件以及人工智能视频识别系统改造为家庭智能护理药箱，可靠性强，同时加入了 LED 灯点阵模块以及外接高性能电池，从功能上完善了以往类似产品，而且简易装置经过改进也很方便耐用，使此家庭智能护理药箱再经一定改进后可以普遍地使用到平时的生活中。我们认为作品中的研究特点有如下几点：①运用了视频识别的技术，通过人脸识别等途径，做到了防止误食错食；②在设计药箱的过程中，为了较为科学地分配药箱的有限空间，我们进行了问卷调查并进行了分析，使得我们对药箱的利用更加合理，符合大众需求；③加入了超声波传感器，解决了药盒在家中等狭小空间中容易误报错报或在应该播报时不报的问题；④本课题的成本低，便于普遍推广；⑤添加了机器人表情模块，使药盒具有更好的交互性。

我们在该课题的研究上学习了多种智能系统的内容，亲身体会到人工智能领域上的先进性、智能性以及功能性。人工智能的发展趋势愈发上升，成为世界上的先进高科技领域，我国的人工智能领域开发已经走在世界前列，将会对我国的各行业领域都有促进作用。我们的作品就是模拟在健康服务方面的作用，相信以后会在更多的行业领域中见证人工智能技术的蓬勃发展以及辉煌的成就。

5. 课题展望

我们在长时间的研究调查之后，又经过设计与研发，家庭智能护理药箱基本实现了我们想要达到的目标与功能，但尚存以下问题：①视频识别的识别时间较长，准确率较低，周围环境对于识别的影响大，有时容易把颜色相近的药品识别错误，并且对于识别对象与摄像头的位置、距离等条件要求高；②药箱还无法对即将使用完或是过期的药物进行标记，并提醒主人适时更换药品；③由于对于专业的医疗知识的储备不足，没有一个具有大量知识的库作为基础，无法有效全面地回答老年人对于知识方面的问题，实用性较低。家庭智能药箱可以在社区老人中进行产品的检测，调查老人对于产品的意见，收集存在的问题和可改进的方面。

10.3 作品三：智能防疫测温助手

北京市昌平区第二中学 2021 年参赛作品

项目作者：王子晋　管安祺　胡芳华

指导教师：杨　静　王继飞

1. 课题背景和意义

在疫情防控常态化的大背景下，我国主要采取全体预防监测、确诊及密接隔离的两项纲领性措施，因此人们会经历核酸检测、注射疫苗等活动，同时衍生出了健康码、消毒喷雾式手环等新发明，这些产品的出现给疫情防控提供了极大的帮助，给疫情时代的人们提供了不可或缺的便捷。

在学校、公司、奥运会场地等场所，也需要每天上报体温。这中间为了不影响学业、不耽误工作而随意填写的情况就更加普遍了。试想如果是在被隔离期间的人不如实填写，一旦出了问题，造成的后果是不可挽回的。

如今，测体温、戴口罩，已成为不少人外出的自觉行为。但在人流密集区，逐个测温难免排长队，会带来交叉感染的隐患。

对于这种种情况，究其本源，是一部分人的自律性不够、监测手段不够方便。因此，为了取代填表、接龙等人为的上报方式，本团队致力于设计一款"智能自动测温记录防疫助手"。在已有的测温门、测温枪的基础上增加人脸识别、口罩识别等先进功能，做到"温人合一"，精准测温的同时通过摄像头识别测温者的身份，通过通信系统将信息汇报到上级，避免了不如实填报体温的问题。

2. 研究现状分析

（1）主要测温产品及技术

经过查阅资料和现场勘查，可以看到现在市面上使用比较广泛的测温设备及技术主要有以下几种。

1）测温枪。医疗测温枪应用于传染性疾病发生地区，采用远红外线发射光信号，在不接触人体的情况下测量人体的温度。

测温人员手持测温枪，在隔离酒店或学校进行测温，但是，以这种方法测温有种种弊端，如人员近距离接触容易交叉感染、人员通行效率低、人工投入大、费时费力等。

2）远程测温仪。远程测温仪的外观如同一个小巧的计算器，连接线贴在居家隔离人员的腋下，显示屏立马显示体温、测温时间等数据。设备与手机连接后，信息自动上传到云端，社区工作人员在后台可以即时掌握隔离人员的体温情况，一旦有异常，可以进行重点布控和施救。但是，隔离人员一直夹着测温仪，会感到不适，影响在隔离中心的正常生活。

3）红外测温门。红外测温门通过红外热成像摄像头，远程测量学生体温，并在显示屏上标记出人脸体温，实现无接触测温。

但是，如今学校的测温门需要与手机相连，且只能记录"今日通过人数""体温正常人数""体温过高人数"，无法将体温与人员对应，以至于在班级里，还需要用测温枪再次测温，填写表格，体温收集效率过低。

并且我们发现，目前的测温门等产品介绍中，虽说加入了人脸识别技术，但是仅限于判断人脸位置，没有与人员身份相对应。

同时，测温门必须关闭激光指示，否则容易损伤测试者的眼睛；但这样必然导致无法确定测试的是否是额头温度。人体脸部只有额头温最接近体温测试要求，其他部位的温度每个人的差异非常大，再加上测温距离的不同，测温很不准确。

4）人脸识别测温一体机。如图10-18所示，2021年很多公司推出了人脸识别测温一体机，该类机器一般具备人脸识别、测温、语音播报、数据储存、考勤门禁管理、抓拍功能、后台记录和数据导出等功能，与人工测温记录相比，在提升效率的同时，也有效避免了误报漏报的风险。

经过我们调研和测试发现，该类机器成本较高，此外受室外环境温度影响较大，如果室外温度太低，就无法正常测量体温，像学校这类人流量大的场所，需要搭建测温棚才能正常使用，增加了使用成本和难度，而且该类产品目前还没有隔离人员定时提醒测温及温度上报等定制场景功能。

根据对当前常用测温仪器的调研总结，参考新冠疫情防控的要求，本项目准备设计一款低成本的智能防疫测温助手，该产品除了具备人脸识别、温度测量等功能，还能有效降低测量距离及环境温度对红外测温仪的测温干扰，可以直接在冬天户外使用。此外，本产品还应具备隔离人员定时测温提醒功能，助力疫情防控。

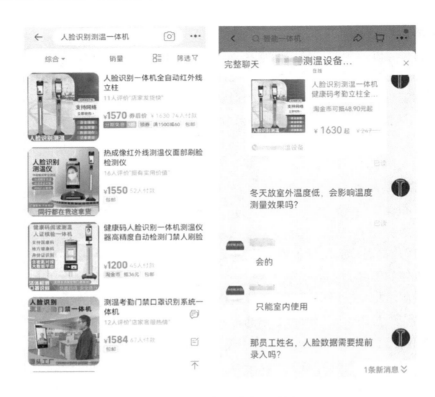

图 10-18　人脸识别测温一体机

（2）测温仪应用场景

1）学校。在进入校园时会在门口接受红外测温，进入教室后会由老师或同学利用手持测温枪来进行体温检测。在教室内测量完体温后，各班会由测量人员填写体温表。

2）隔离中心。在隔离中心内会由个人自行测量体温然后经由微信群上报。有些地方是医护人员上门询问，然后填写纸质表格。如果有发烧状况会采取进一步措施。

3）商场。在进入商场时，需进行体温检测。进入商场的人员在体温监测器前等待，等到出现体温并且温度正常后才可进入商场。如果体温过高，便会直接报警。

4）社区。社区门口放置智能测温仪，每个进入社区的人都需经过体温检测，体温正常方可进入社区，否则会被拒之门外。这点对于外卖员、快递员来说尤为严格。

5）企业及单位。对于在企业和单位中工作的员工，每日的体温数据测量是必要的，方便管理及疫情防控。

6）人流密集的公共区域。车站、机场、地铁、码头等人流密集的公共区域，智能测温仪能够发挥无可替代的作用，做到严格监测，做好预防措施。

3. 课题开展的主要内容

本次研究的内容主要包括以下几个方面：①研究目前测温技术以及其弊端；②课题背景以及应用场景研究确定；③研究如何分别在戴口罩和不戴口罩的情况下，进行精准识别；④研究真实温度值的影响因素；⑤运用多元回归建模，得出真实温度值与环境温度、测温距离的定量关系。

4. 研究过程

（1）设计思路

1）智能测温仪的使用场景。

（a）学校测温模式。当检测到有人靠近时，开始进行人脸识别，识别成功后播报："×同学，你好。"然后进行红外温度检测，若温度大于 35.5℃ 小于 37.3℃，播报人员身份及体温。若温度大于等于 37.3℃，播报人员身份、体温并预警老师。

（b）隔离中心测温模式。在隔离中心或隔离酒店中，隔离人员会定时收到测温提醒，上、下午各一次，当隔离人员靠近时开始人脸识别，识别成功后播报："×先生/女士，你好。"然后进行红外温度检测，若温度大于 35.5℃ 小于 37.3℃，播报人员身份及体温。若温度大于等于 37.3℃，播报人员身份、体温并预警。

2）工作原理。运用人脸识别和红外测温技术，PowerSensor 板、MLX90621 红外温度阵列测量板、MP3 播放器、超声波传感器等元件搭建智能测温助手。工作流程图如图 10-19 所示。

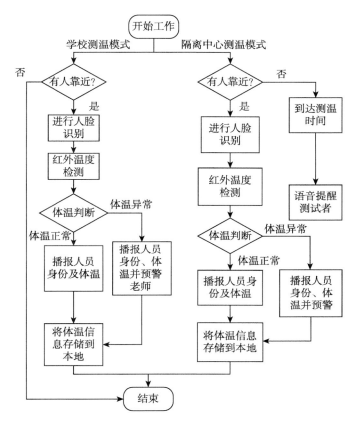

图 10-19 工作流程图

（2）硬件部分

1）电子元器件选择（见表 10-8）。

表 10-8 电子元器件的选择

电子元器件名称	功能	图示
PowerSensor 视频识别板	视频识别	

（续）

电子元器件名称	功能	图示
Arduino 控制板	产品的控制处理中心	
IO 扩展板	增加接线端口数量	
YX5300 mini MP3 模块	自定义播放声音	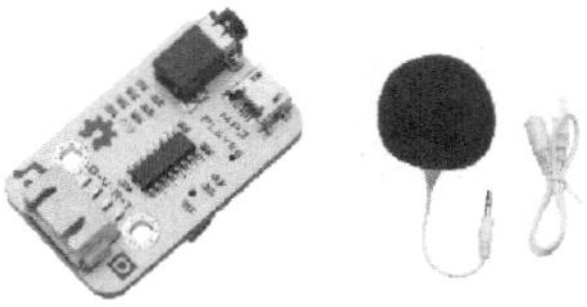
振动电动机模块	提醒提示	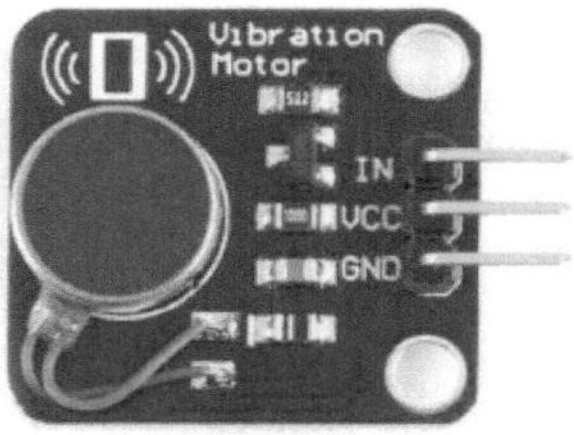
表情模块	显示表情提醒	
舵机	设计舵机云台增强检测效果	

（续）

电子元器件名称	功能	图示
MLX90621 红外温度阵列测量板	红外远程测温	
OLED 显示屏	显示测量温度等数据	

2）产品外观设计。

（a）3D 打印部分。

a）第一版。最初我们设计了第一版的摄像头支架，可以将 PowerSensor 板固定在支架上。可是在我们发现了测温距离与测得温度有较大关系后，我们需要测量人脸与摄像头的距离来得出它们之间的关系，但检测是否有人靠近的超声波传感器在支架下方，所测得的不是我们想要的距离，我们需要再加入一个超声波传感器，于是我们设计了第二版。

b）第二版。在第二版中，我们在支架上方加了两个孔，可以放入超声波传感器，测出测温距离。但我们又发现，因为主板的阻挡，超声波传感器位置过高，有时会高过人脸，测量距离失效。于是又设计了第三版。

c）第三版。在第三版中，我们将支架上方的两个孔调整到了下方，用于放置超声波传感器，避免测不到真实距离的错误情况。摄像头、红外测温仪被放到了上方。3 个版本的摄像头支架实物图片，如图 10-20 所示。

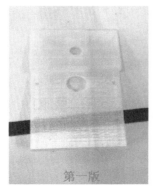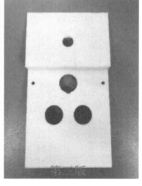

图 10-20　3 个版本的摄像头支架

（b）激光雕刻部分。

我们使用 LaserMaker 软件画出了图纸，如图 10-21 所示，并在学校用激光雕刻机打印出了木板的智能测温助手模型。

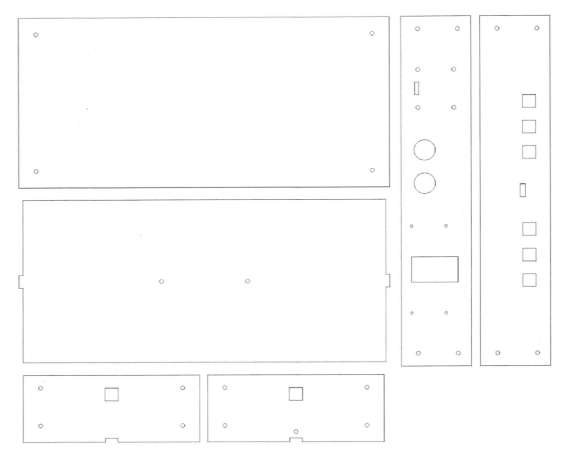

图 10-21　激光切割外形图

在各部分设计及打印完成后，我们对智能测温助手进行了整体的组装，如图 10-22 所示。

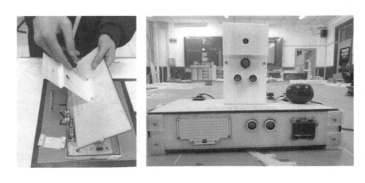

图 10-22　产品的组装及实物图

（3）软件部分

1）Mixly 部分体温判断模块。当 Arduion 控制板接收人员信息后，进入体温判断循环。变量 vol 为从红外温度阵列板测出的温度（关于 vol 数值与人体体温不符的问题，后文会有介绍），体温判断后，会进行语音播报，将体温信息反馈给测试者，具体程序设计流程图如图 10-23 所示。

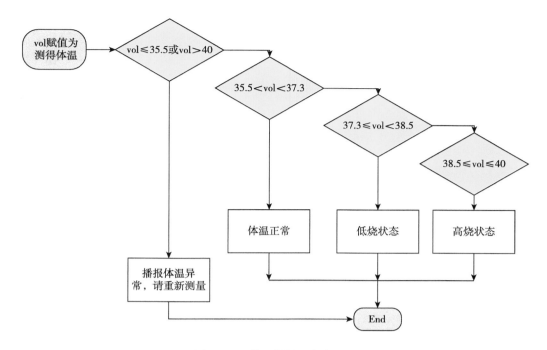

图 10-23　体温判断程序流程图

2）语音播报模块。我们采用 YX5300 mini MP3 模块（SD 卡模式），导入了 Mixly 扩展库，并用库中相关语句进行编写，控制 MP3 播放器播放剧本内提前生成好的交互语音。

3）显示模块。显示部分我们采用 Mixly 自带的显示器模块，进行程序的编写。

由于我们采用的 OLED 显示屏屏幕尺寸为 24.4mm（0.96in）分辨率为 128×64，一行可以显示 8 个汉字，一列可以显示 3 个汉字，加上我们后期研究的需要，在显示中我们对每个字进行精确定位，共分为 3 行，分别为**名字 + 体温**、**测温距离**、**环境温度（室温）**。

4）超声波唤醒模块。当有人靠近时，智能测温助手通过底部超声波传感器检测，变量 jiance 为超声波传感器测量值，当达到指定范围内，显示屏开启，开始显示"无接触测温仪"，并播报"你好，我是智能测温助手，如需测温，请靠近"。

5）表情模块。我们用扩展库中的点阵屏，制作成了一个小型的表情模块，写成一段函数，在播报语音时，会模拟表情中嘴的开合，增加产品交互性。

在程序编写过程中，我们遇到了一些问题，主要是在 PowerSensor 与 Arduino 的数据传输上。

PowerSensor 需要将得到的人脸识别信息，以及体温数据传给 Arduino。首先我们将 3 位同学的人脸数据进行训练，并声明了一个变量 pd（判断）。PowerSensor 将人脸识别的结果传输给 Arduino，Arduino 控制 MP3 播放模块播放对应音频，并且给变量判断进行对应赋值，如 pd = 1 对应"王同学"、pd = 2 对应"胡同学"、pd = 3 对应"管同学"。当人脸识别完成后，Arduino 再接收体温数据。

但 Mixly 还同时无法正常接收浮点数，考虑到体温信息的特殊位数，我们便将测的体温数据 ×10，将数据整为整数，完成传输。

但我们又发现，体温数据只能发送一个字节，数据必须限制在 0 ~ 255 的数值内，×10 后体温变为 355 ~ 400 的数据，我们再将数据 – 300，即可达到 0 ~ 255 的范围，同时在 Mixly 中对数据 ÷10 + 30，即可得到真实的体温数据。

（4）视频识别部分

我们用的是深度学习中的监督学习进行数据训练，让本产品具备识别不同学生的功能。但在后期测试过程中，我们发现环境灯光对人脸识别的效果影响很大，于是我们加装了一个补光灯，可以将环境光线限定到一定的区间内，以提高识别率。

5. 作品测试及方案改进

（1）定性分析，发现问题

在测试过程中，我们发现测试温度值与真实温度值有较大偏差，测量不精准，经常会出现30.7℃、31.0℃等明显低于人类正常体温的数据，如图10-24所示。有时额头距离红外测温仪过近，还会被误判为高烧。这些情况可能导致患者即使正在发热，测出的体温还是在37.3℃以下，被测定为未发热，又或者是没有发热的测试者测出38℃、39℃，导致发热人员的筛查出现问题。

图10-24　错误数据展示图

为了使该智能防疫测温助手的测量结果更精确，我们组决定对其进行改进。改进方法和思路如图10-25所示。

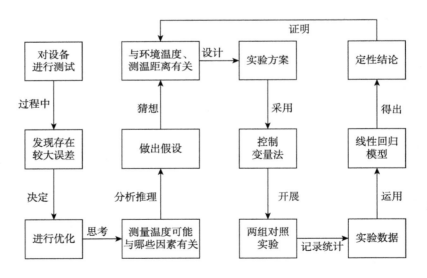

图10-25　改进思路逻辑图

为了使该智能防疫测温助手的测量结果更精确，我们组决定对其进行改进。首先，我们查询了相关资料，并运用常识，猜想测温距离、环境温度会对测量温度的准确性造成较大的干扰，随即提出了假设：测量温度与距离、环境温度有关。接着，对于多变量的问题，我们采用了控制变量法设计实验，具体实验步骤如图10-26所示。

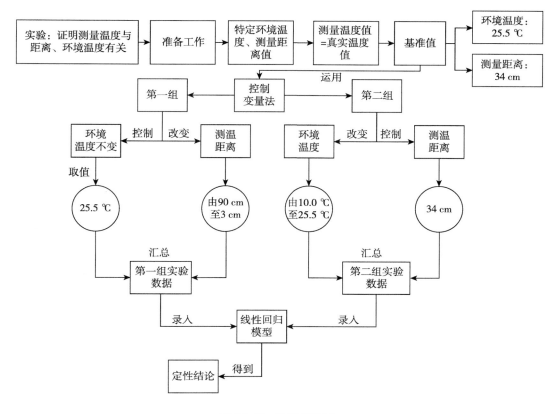

图 10-26　实验步骤图

我们的实验数据见表 10-9 和表 10-10。

表 10-9　第一组温度和测量距离实验数据

测温距离/cm	测量温度/℃	环境温度/℃	真实温度/℃
88.76	34.4	25.5	36.5
69.12	35.2	25.5	36.5
57.81	35.8	25.5	36.5
47.63	36.0	25.5	36.5
39.47	36.3	25.5	36.5
27.52	36.5	25.5	36.5
23.07	36.8	25.5	36.5
20.88	37.1	25.5	36.5
12.80	37.5	25.5	36.5
11.66	37.3	25.5	36.5
7.19	37.8	25.5	36.5

表 10-10　第二组温度和测量距离实验数据

测温距离/cm	测量温度/℃	环境温度/℃	真实温度/℃
34	34.6	10.0	36.4
34	34.8	12.5	36.4
34	35.3	14.0	36.4
34	35.3	15.0	36.4
34	36.0	18.5	36.4
34	36.3	20.0	36.4
34	36.2	21.0	36.4
34	36.5	24.0	36.4
34	36.5	25.5	36.4

值得一提的是，我们在处理多个变量的过程中遇到了困难。在高中生现有知识能力范围内，我们只能通过描点作图法粗略得到因变量和单一自变量的函数关系式，如一次函数、二次函数、反比例函数等。然而，在本次研究中出现了真实温度值、环境温度和测量距离 3 个自变量共同影响因变量测量温度，超出了我们的能力范围。

经过查阅资料，我们发现了多元线性回归分析建模的方法，可以帮助我们找到对应的回归方程，在学习了简单线性回归的原理后，我们在网上找到了一个数据在线处理软件 SPSSAU，如图 10-27 所示。

图 10-27　SPSSAU 软件界面图

借助该软件，我们用多元线性回归的方法实现了对该函数关系式的探索。

根据上述实验过程，我们证实了之前的假设，发现测量温度确实与距离、环境温度有关。

（2）定量分析，解决问题

根据上面的测试结果，我们做出了如下改进：我们想在定性分析的基础上更进一步进行定量的分析，通过更大量的测试数据得出真实温度值与测试温度值、环境温度和测量距离的函数关系，并将该函数写进程序，对测得温度进行温度修正，在显示屏上显示出修正后的数值，从而得到较为真实的温度数据。

1）初次尝试。表 10-11 为我们收集到的部分数据。

表 10-11　定性实验部分数据

真实温度	36.2℃	真实温度	36.6℃	真实温度	36.6℃	真实温度	36.0℃
环境温度	19.5℃	环境温度	19.5℃	环境温度	19.5℃	环境温度	10.0℃
距离/cm	测量温度/℃	距离/cm	测量温度/℃	距离/cm	测量温度/℃	距离/cm	测量温度/℃
82.10	34.8	88.22	35.4	71.86	34.6	31.31	33.8
60.00	36.2	62.86	36.2	57.50	35.7	78.78	32.1
69.00	36.2	55.17	36.2	44.05	36.1	68.78	32.2
46.57	36.0	63.66	36.7	36.55	36.1	52.02	32.8
42.34	36.3	45.70	36.1	31.98	36.9	40.64	32.5
27.02	36.4	48.16	36.2	29.88	36.6	26.14	33.8
20.09	37.0	38.19	36.2	25.55	36.9	19.50	32.7
16.53	37.1	28.17	37.3	22.33	36.7	19.17	32.8
11.43	37.3	22.64	37.2	17.50	36.9	26.24	33.9
6.02	37.7	21.00	36.9	11.67	37.1	16.05	33.8
4.05	37.8			4.93	37.7	8.66	35.0
				7.97	37.2	16.93	36.6
						4.09	36.5
						29.47	35.2

在收集了 50 组不同温度不同距离的数据后，我们将数据输入软件，进行初步分析，结果如图 10-28 所示。

线性回归分析结果 (*n*=50)

	非标准化系数		标准化系数	*t*	*p*	VIF	R^2	调整R^2	*F*
	B	标准误	Beta						
常数	28.164	2.233	—	12.615	0.000**	—			
距离	0.006	0.002	0.509	3.173	0.003**	2.889	0.590	0.564	$F(3,46)=22.092, p=0.000$
环境温度	0.088	0.012	0.715	7.571	0.000**	1.002			
测量温度	0.168	0.059	0.459	2.862	0.006**	2.892			

因变量：真实温度

D-W值：0.336

* $p<0.05$ ** $p<0.01$

图 10-28　初次线性回归分析结果

其中，*B* 是非标准化回归系数；Beta 是标准化回归系数值。*t* 是用于计算 *p* 值的一个中间量，而 *p* 值可以判断分析项是否呈现出显著性。若 *p* 小于 0.05，则该分析项对因变量 *Y* 具有影响；*p* 小于 0.01 时，则该分析项对因变量的影响是显著的；若 p 大于 0.05，则该分析项对 Y 几乎无影响。VIF 用于判断是否存在共线性，若该值小于 5，则不存在共线性。R^2 和调整 R^2 刻画了分析项 X 对 Y 的解释力度。例如该表中的 0.590 代表这 3 个自变量对因变量的影响占 59 %。最后的 F 包括两个自由度值，一般情况下无实际意义，参考 p 值即可。

显而易见的是，若要想得到精确的线性回归方程，仅用 50 组数据是不够的。因此，我们投入了更大的研究力度，开展大量实验，采集更多不同环境温度、测温距离下的数据，进行更大规模的线性回归分析。

2）第二次尝试。在进行了更大量的实验测试后，我们共得到了 149 组实验数据，部分数据见表 10-12。

表 10-12　部分测试体温数据

测量距离/cm	测量温度/℃	环境温度/℃	真实温度/℃
88.76	34.4	25.5	36.5
69.12	35.2	25.5	36.5
57.81	35.8	25.5	36.5
16.53	37.1	20.0	36.6
11.43	37.3	20.0	36.6
6.02	37.7	20.0	36.6
37.31	35.0	15.0	35.8
41.95	35.7	15.0	36.3
42.19	35.6	15.0	36.3
31.31	35.4	10.0	36.0
78.78	31.7	10.0	36.0
68.78	32.5	10.0	36.0
19.65	35.7	5.0	36.5
12.82	36.4	5.0	36.5
7.49	36.8	5.0	36.5
5.34	37.0	5.0	36.5

然而，在运用 SPSSAU 网站进行数据处理时，结果并不尽如人意，结果如图 10-29 所示。

线性回归分析结果 ($n=131$)

	非标准化系数		标准化系数	t	p	VIF	R^2	调整 R^2	F
	B	标准误	Beta						
常数	36.076	1.162	—	31.056	0.000**	—			
距离	0.001	0.002	0.093	0.467	0.641	7.244	0.309	0.292	$F(3,127)=18.901, p=0.000$
测量温度	−0.001	0.032	−0.007	−0.034	0.973	8.457			
环境温度	0.020	0.004	0.545	4.655	0.000**	2.518			

因变量：真实温度

D-W值：0.171

* $p<0.05$ ** $p<0.01$

图 10-29　第二次线性回归分析结果

总结分析可知：环境温度会对真实温度产生显著的正向影响关系。但是测量距离和测量温度并不会对真实温度产生影响关系。这个问题困扰了我们许久。

经过进一步的思考，我们发现问题在于，在特定的环境温度下检测 3 个人的真实体温，对于同一环境温度，最多只有 3 组不同的真实体温。因此，我们的数据中环境温度对真实体温具有决定性的作用，大大压缩了测量距离和测量温度对真实温度的影响，导致数据分析失败。

3）第三次尝试——最终解决方案。

（a）得出温度补偿式。为了消除数据处理过程中环境温度对真实温度的绝对性影响，我们决定对环境温度进行分档处理，将上百组数据进行分类录入，得出每一档下的真实温度与测温距离、测量温度之间的定量函数关系，该步骤的数据处理及结果如下。

a）5.0℃档（环境温度小于 7.5℃）。在环境温度小于 7.5℃的情况下，我们进行实验数据收集，部分数据见表 10-13。

表 10-13 5.0℃档部分测试体温数据

测量距离/cm	测量温度/℃	环境温度/℃	真实温度/℃
91.25	30.7	5.0	36.3
82.67	31.0	5.0	36.3
78.50	31.1	5.0	36.3
63.93	31.6	5.0	36.3
55.80	32.3	5.0	36.3
44.27	32.6	5.0	36.3
32.73	33.3	5.0	36.3
26.40	34.8	5.0	36.5
19.65	35.7	5.0	36.5
12.82	36.4	5.0	36.5
7.49	36.8	5.0	36.5
5.34	37.0	5.0	36.5
2.84	37.6	5.0	36.5
94.30	31.2	5.0	36.8
84.71	31.5	5.0	36.8
73.43	31.6	5.0	36.8

将测量数据录入线性回归模型，得到线性回归分析结果，如图 10-30 所示，从而总结出 5.0℃档的温度补偿式：**真实温度 = 29.616 + 0.013 × 距离 + 0.191 × 测量温度**。

线性回归分析结果 (n=26)

	非标准化系数		标准化系数	t	p	VIF	R^2	调整 R^2	F
	B	标准误	Beta						
常数	29.616	2.399	—	12.346	0.000**	—			
距离	0.013	0.005	1.343	2.349	0.028*	11.339	0.337	0.279	$F_{(2,23)}=5.839, p=0.009$
测量温度	0.191	0.064	1.704	2.980	0.007**	11.339			

因变量：真实温度

D-W值：0.216

* $p<0.05$ ** $p<0.01$

图 10-30 5.0℃档线性回归分析结果

b）10.0℃档（环境温度在 7.5 ~ 12.4℃之间）。在环境温度介于 7.5℃和 12.4℃之间的情况下，我们进行实验数据收集，部分数据见表 10-14。

表 10-14　10.0℃档部分测试体温数据

测量距离/cm	测量温度/℃	环境温度/℃	真实温度/℃
31.31	35.4	10.0	36.0
78.78	31.7	10.0	36.0
68.78	32.5	10.0	36.0
52.02	33.4	10.0	36.0
40.64	34.1	10.0	36.0
26.14	35.4	10.0	36.0
19.50	36.7	10.0	36.5
19.17	36.6	10.0	36.5
26.24	35.9	10.0	36.5
16.05	36.8	10.0	36.5
8.66	37.4	10.0	36.5
16.93	36.6	10.0	36.5
4.09	37.8	10.0	36.5
29.47	36.2	10.0	36.5
87.31	32.1	10.0	36.2
69.52	33.3	10.0	36.2

将测量数据录入线性回归模型，得到线性回归分析结果，如图 10-31 所示，从而总结出 10.0℃档的温度补偿式：**真实温度 = 13.857 + 0.040 × 距离 + 0.597 × 测量温度**。

线性回归分析结果 ($n=33$)

	非标准化系数		标准化系数	t	p	VIF	R^2	调整 R^2	F
	B	标准误	Beta						
常数	13.857	2.484	—	5.579	0.000**	—			
距离	0.040	0.005	2.427	8.171	0.000**	10.334	0.744	0.727	$F_{(2,30)}=43.569, p=0.000$
测量温度	0.597	0.065	2.724	9.169	0.000**	10.334			

因变量：真实温度

D-W值：1.042

* $p<0.05$　** $p<0.01$

图 10-31　10.0℃档线性回归分析结果

c）15.0℃档（环境温度在 12.5 ~ 17.4℃之间）。采用同样的方法，我们得到 15.0℃档线性回归分析结果，如图 10-32 所示，从而总结出 15.0℃档的温度补偿式：**真实温度 = 18.697 + 0.037 × 距离 + 0.458 × 测量温度**。

线性回归分析结果 (n=15)

	非标准化系数		标准化系数	t	p	VIF	R^2	调整R^2	F
	B	标准误	Beta						
常数	18.697	6.412	—	2.916	0.013*	—			
距离	0.037	0.017	1.892	2.232	0.045*	17.348	0.503	0.420	$F_{(2,12)}=6.072,p=0.015$
测量温度	0.458	0.163	2.381	2.810	0.016*	17.348			

因变量: 真实温度

D-W值: 0.838

* $p<0.05$ ** $p<0.01$

图 10-32 15.0℃档线性回归分析结果

d) 20.0℃档（环境温度在 17.5 ~ 22.4℃之间）。20.0℃档线性回归分析结果如图 10-33 所示，从而总结出 20.0℃档的温度补偿式：**真实温度 = 11.420 + 0.042 × 距离 + 0.655 × 测量温度**。

线性回归分析结果 (n=33)

	非标准化系数		标准化系数	t	p	VIF	R^2	调整R^2	F
	B	标准误	Beta						
常数	11.420	5.601	—	2.039	0.050	—			
距离	0.042	0.008	2.195	5.267	0.000**	10.715	0.514	0.481	$F_{(2,30)}=15.835,p=0.000$
测量温度	0.655	0.148	1.838	4.409	0.000**	10.715			

因变量: 真实温度

D-W值: 0.990

* $p<0.05$ ** $p<0.01$

图 10-33 20.0℃档线性回归分析结果

e) 25.0℃档（环境温度大于或等于 22.5℃）。25.0℃档线性回归分析结果如图 10-34 所示，从而总结出 25.0℃档的温度补偿式：**真实温度 = 19.479 + 0.019 × 距离 + 0.449 × 测量温度**。

线性回归分析结果 (n=37)

	非标准化系数		标准化系数	t	p	VIF	R^2	调整R^2	F
	B	标准误	Beta						
常数	19.479	3.381	—	5.762	0.000**	—			
距离	0.019	0.004	2.247	5.176	0.000**	11.487	0.442	0.410	$F_{(2,34)}=13.483,p=0.000$
测量温度	0.449	0.089	2.200	5.068	0.000**	11.487			

因变量: 真实温度

D-W值: 0.474

* $p<0.05$ ** $p<0.01$

图 10-34 25.0℃档线性回归分析结果

（b）改进程序。得出算法后，我们将其写入程序，其中 25.0℃档的改进程序内容如图 10-35 所示。

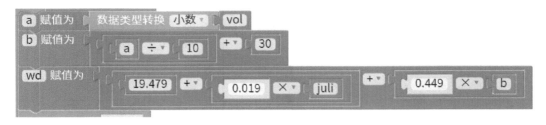

图 10-35 25.0℃档改进后程序

注：wd 即为纠偏后温度。

（c）验证算法。之后，我们将程序上传至 Arduino uno 控制板，并对改进后的产品进行验证测试。测试中的部分结果见表 10-15 和表 10-16。

表 10-15 优化前测温误差率

测量距离/cm	测量温度/℃	环境温度/℃	真实温度/℃	测温误差/℃	测温误差绝对值/℃	误差率	平均误差率
88.76	34.4	25.5	36.5	2.1	2.1	0.057 534	0.042 291
69.12	35.2	25.5	36.5	1.3	1.3	0.035 616	
57.81	35.8	25.5	36.5	0.7	0.7	0.019 178	
47.63	36.0	25.5	36.5	0.5	0.5	0.013 699	
39.47	36.3	25.5	36.5	0.2	0.2	0.005 479	
27.52	36.5	25.5	36.5	0	0	0	
23.07	36.8	25.5	36.5	-0.3	0.3	0.008 219	
20.88	37.1	25.5	36.5	-0.6	0.6	0.016 438	
12.80	37.5	25.5	36.5	-1.0	1.0	0.027 397	
11.66	37.3	25.5	36.5	-0.8	0.8	0.021 918	
7.19	37.8	25.5	36.5	-1.3	1.3	0.035 616	
90.00	34.8	25.5	37.0	2.2	2.2	0.059 459	
88.72	35.1	25.5	37.0	1.9	1.9	0.051 351	
75.26	35.3	25.5	37.0	1.7	1.7	0.045 946	
68.59	35.6	25.5	37.0	1.4	1.4	0.037 838	
63.26	35.8	25.5	37.0	1.2	1.2	0.032 432	

表 10-16 优化后测温误差率

测量距离/cm	测量温度/℃	环境温度/℃	真实温度/℃	测温误差/℃	测温误差绝对值/℃	误差率	平均误差率
67.81	36.48	25.5	36.4	-0.08	0.08	0.002 198	0.001 571
108.90	36.66	25.5	36.7	0.04	0.04	0.001 090	
59.07	36.23	25.5	36.3	0.07	0.07	0.001 928	
22.64	36.54	20.0	36.6	0.06	0.06	0.001 639	
21.00	36.51	20.0	36.7	0.19	0.19	0.005 177	
71.86	36.42	20.0	36.4	-0.02	0.02	0.000 549	
57.50	36.45	15.0	36.4	-0.05	0.05	0.001 374	
44.05	36.23	15.0	36.2	-0.03	0.03	0.000 829	
36.55	36.28	15.0	36.3	0.02	0.02	0.000 551	
31.98	36.39	10.0	36.3	-0.09	0.09	0.002 479	
29.88	36.57	10.0	36.5	-0.07	0.07	0.001 918	
25.55	36.64	10.0	36.6	-0.04	0.04	0.001 093	
22.33	36.41	5.0	36.4	-0.01	0.01	0.000 275	
17.50	36.58	5.0	36.6	0.02	0.02	0.000 546	
11.67	36.33	5.0	36.4	0.07	0.07	0.001 923	

通过验证测试，我们再次收集了数据，并用"误差率 = （实际值 - 理论值）/理论值 × 100 %"

的公式，测算出了补偿前后的误差率。补偿前平均误差率为 4. 23 %，补偿后为 0. 16 %，对比来看，优化取得了较好的效果。

最终，经过验证测试，体温识别的误差率大大减小，精确度获得了提高，实现了课题确立时"精准测温"的目标。

6. 课题结论和创新点

本次课题研究了目前国内数种测温产品，发现均有不足之处。我们对测温效率、对红外测温精确度做出了一定的改进与提高，成功地制作出了智能测温助手。本次课题研究的特点如下：①将人脸识别技术与测温技术结合，把人员信息与人员体温一一对应，实时播报，并将体温储存在本地，以供其他平台或系统调用体温数据，提高了测温效率、体温的收集效率。②针对一款产品设计出学校测温模式、隔离中心测温模式两种模式，可根据不同场景进行切换。③本项目对测量者真实温度、红外测量温度、测量距离、环境温度进行多元线性回归分析建模，得出了对应的函数关系式，然后对产品算法进行改进，有效降低了测量距离及环境温度对红外测温仪的测温干扰，可以直接在冬天户外使用本产品。④与其他相关产品相比，体积更小，节省空间。⑤本产品成本较低，有利于产品的普及。

7. 课题展望

通过大量的实验探究，本产品初步达到了设计需求，后续我们还希望在以下两个方面进行进一步的研究。

(1) 光照强度对红外测温值产生的影响

在测试过程中，我们发现在不同的光照强度下，所测得的温度会产生偏差。下一步，我们在排除了环境温度和测温距离影响的基础上，将尝试把光照强度定量加入到温度补偿算法当中，以实现更高精确度的智能测温。

(2) 隔离人员定时测温提醒功能的改进

随着防疫政策的变化，后续我们希望将隔离人员定时测温提醒功能进行调整，适应其他类型的发热疾病，我们希望增添智能语音对话功能，帮助其舒缓心情。该功能还能够在紧急时刻提供协助。病情突然发作或症状加剧时，患者可通过呼救的方式唤醒智能防疫助手，后者通过通信系统将信号发送至管理处，及时对患者进行抢救或送医。

 **参考文献**

［1］艾曼贝尔．创造性社会心理学［M］．方展画，胡文斌，文新华，译．上海：上海社会科学院出版社，1987.

［2］汤晓鸥，陈玉琨．人工智能基础（高中版）［M］．上海：华东师范大学出版社，2018.

［3］腾讯研究院，等．人工智能［M］．北京：中国人民大学出版社，2017.

［4］库兹韦尔．人工智能的未来［M］．盛杨燕，译．杭州：浙江人民出版社，2016.

［5］温．极简人工智能［M］．有道人工翻译组，译．北京：电子工业出版社，2018.

［6］马尔科夫．与机器人共舞［M］．郭雪，译．杭州：浙江人民出版社，2015.

［7］卢奇，科佩克．人工智能［M］．2版．林赐，译．北京：人民邮电出版社，2018.

［8］卡普，布莱尔，梅施．游戏，让学习高效［M］．陈阵，译．北京：机械工业出版社，2017.

［9］瓦格纳．创新者的培养［M］．陈劲，王鲁，刘文澜，译．北京：科学出版社，2015.